愿你拥有打败一切的勇气

慕新阳 著

台海出版社

图书在版编目（CIP）数据

愿你拥有打败一切的勇气 / 慕新阳著. –– 北京：
台海出版社, 2019.6

ISBN 978–7–5168–2389–7

Ⅰ.①愿… Ⅱ.①慕… Ⅲ.①成功心理－通俗读物
Ⅳ.①B848.4–49

中国版本图书馆CIP数据核字(2019)第133571号

愿你拥有打败一切的勇气

著　　者：慕新阳			

责任编辑：王　萍	装帧设计：仙　境
版式设计：瑞者达	责任印制：蔡　旭

出版发行：台海出版社

地　　址：北京市东城区景山东街20号　邮政编码：100009

电　　话：010－64041652（发行，邮购）

传　　真：010－84045799（总编室）

网　　址：www.taimeng.org.cn/thcbs/default.htm

E – mail：thcbs@126.com

经　　销：全国各地新华书店

印　　刷：保定市西城胶印有限公司

本书如有破损、缺页、装订错误，请与本社联系调换

开　　本：880mm × 1280mm	1/32
字　　数：190千字	印　张：8.75
版　　次：2019年7月第1版	印　次：2019年7月第1次印刷
书　　号：ISBN 978–7–5168–2389–7	
定　　价：38.00元	

自 序

愿你拥有打败一切的勇气

我曾在朋友圈里发了一个征集帖：为了写作，你有过怎样的心酸？最大的牺牲是什么？

没过多久，就有不少人留言，其中一个是："为了写作，我放弃了所有社交，一个人窝在出租房里疯狂地拆书、写作、创建PPT兼录音，整整3个月都是凌晨3点才睡，最终还是关注者寥寥。"

还有一个要好的朋友留言："我花了整整7年时间，才有幸在杂志上发表了人生第一篇文章。为此，我落下了严重的颈椎病，视力也大不如从前了。最大的牺牲可能就是熬夜写文章，最难熬的就是没有灵感的日子。"

最让我泪目的一条留言，是来自思诺姐的："为了出版第一本书，我花了整整11年。初中时，因为太爱写作，我开始偏科，成绩一落千丈，导致中考落榜，没有继续读高中和大学。"

我也是最近才知道，思诺姐为了维持生计，常常要在冰天雪地里为住户搬米面。黑龙江的室外气温已经到了零下20多度，身高只有143厘米、体重只有34公斤的她，每天要扛25公斤的米面爬楼梯，三天两头还要帮仓库卸下好几吨的货。

即使精疲力竭，一有空闲，她也要拿出手机码字。用她的话来说，就是："只有在码字的时候，我才不懂什么叫累，什么叫冷。"

可惜的是，思诺姐的作家梦还是落了空。

一次又一次的退稿，一次又一次的拒绝，让她终于忍不住在厕所里痛哭。说好了失望也不绝望，哭泣也不放弃，可是眼泪还是止不住地往下流。

她在朋友圈发了一条信息安慰自己："生活就是这样，每天出门送货，看见有人骑摩托送外卖，有人开轿车上班。穷与富，每个人都在努力地奋斗。只要不停止向前，一切都可以实现。"

是否有一种力量足以抵抗所有的寒冬，打败一切的挫败和酸楚？

如果让我回答，我一定会不住地点头。

有一种辛酸，往往不易被人察觉，不去靠近、不去聆听，就无法引起共鸣。原来我以为，只有自己是一名孤独症患者。后来才知道，不是所有的孤独、忍受和酸楚都要宣泄出来，没有人不辛苦，只是有人不喊疼。

从哭着承受到笑着接受，是无数个日日夜夜苦熬后的坚忍。想起自己为了写作，好几次辞职，把自己闷在黑屋里，顶着黑眼圈吃泡面，一个月暴瘦10多公斤的样子，就莫名地想哭。

我像是在走一条险象迭生的夜路，没有灯照明，也没有人陪伴。我只有用脚尖触碰前方的地面，用手去感知未知的危险，不敢逗留，更不敢大声呼喊，只因这是自己选择的路。有些注定的事情，早已在途中埋下，比如我会承受来自下一个脚步的恐惧，只想更快一点抵达有光的地方，胡吃海喝一顿，尽情放纵一下，发誓再也不回头。

可是，当我终于抵达有光的地方，我还是忍不住地回头。没承想，那段写满我惶恐、不安、惧怕、辛酸的路，也可以那么可爱。

抵达终点，并不意味着一劳永逸，而是意味着你要步履不停。

走下一段夜路，心里就没有那么犯怵了。迈出的脚步更加坚定，伸出的双手也更加勇敢，心情愉悦，还可以哼唱一首歌，夜空一下子满是星光。

我很喜欢宫崎骏在《千与千寻》中说过的一句话：不管前方的路有多苦，只要走的方向正确，不管多么崎岖不平，都比站在原地更接近幸福。

我喜欢把那些"走夜路"的日子，称之为"被理想紧紧拥抱的日子"，乐于用这样看似蹩脚的词汇，来表达内心深处的感受，并用这个名字，单独在网上创建了一个文集。有几个关注我的朋友问我，为什么不是"紧紧拥抱理想的日子"，而是"被理想紧紧拥抱的日子"？我就用"走夜路"来抛砖引玉，不是因为天会亮，你才会选择走，而是你选择走了，天才会亮。

有一个在创业群常常和我聊天的朋友，半年之后才向我吐露心声："有好多次我想跟你提起我的遭遇，话到嘴边都被我咽回去了。我感觉现在压力还不够，不就是创业失败欠几十万吗？不就是老婆跟别人跑了吗？不就是没钱给3岁的闺女买过冬的衣服吗？不就是低血钾周期性麻痹没事儿装装残疾人躺医院吗？其实，说真的，我一点都不觉得心痛，甚至还想笑。"

听完朋友的诉说，我更加坚定了一点，这世上应该还有一种英雄主义，就是在风雨来临之际，内心有超于常人的淡定与从容。

看过西西弗斯的神话故事吗？

因为触犯了众神，西西弗斯受到了惩罚——把一块巨石推向山顶。由于那块巨石实在太重了，每每还没推到山顶就又会滚落到山底。于是，西西弗斯就不断地重复，永无止境地推巨石。

想到西西弗斯，我突然想到了众生。一样地拼命，一样地为扼住命运的咽喉而日夜不息。

这种坚定不移的力量，一定可以打破命运的束缚。

虽然大家看起来都过得安然无恙，但其实都是在品尝过酸甜苦辣之后，依然笑着说："没事，我哪有那么脆弱？"

　　我有一个文友，常常用"打碎牙往肚子里咽"来形容一个人的苦楚。我告诉她，形容一个人艰难痛苦，不是把碎牙咽到肚子里，而是要好好留着。

　　为什么要留着？因为那是披荆斩棘的见证，是日后飞黄腾达的底气。现在穷苦，不代表要穷苦一辈子；现在落魄，不代表要落魄到永远。自己的牙，为什么要咽下去？它是无价之宝，是无上的荣耀。

　　愿你拥有打败一切的力量，就像黎明总会战胜黑夜，过去的艰辛和苦难也一定会不复存在。

　　别害怕，一直走，因为美好的事物，总需要等待。最好的结局，还尚未到来。

愿你拥有打败一切的勇气

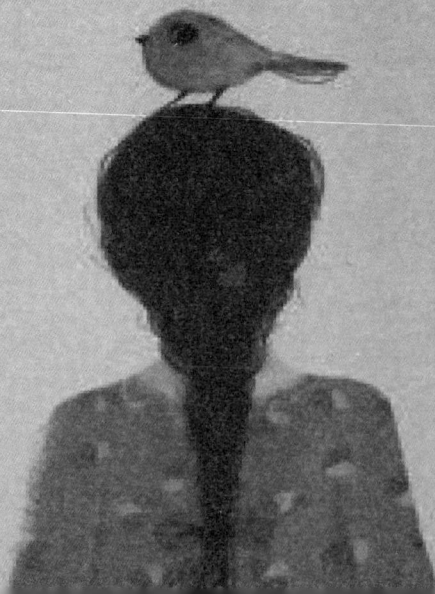

目　录
contents

PART 1
我那么拼命，就是不想平庸至死

PART 2
为了让你半夜哭醒的梦，你也走了很远的路吧

PART 3

想要存在感，就要把自己活成爆款

PART 4

不祝你一帆风顺，只愿你更加强大

PART 5

愿你特别凶狠，也特别温柔

PART 6
晚安，这个残酷又温柔的世界

后记

我那么拼命，就是不想平庸至死

人不能因为早晚有一天会死就不想活了。死，只是一个结果，怎么活着才是最重要的。经历过、爱过、坚强过、战胜过自己，有过这些过程，才算没有白活过。所以人不能因为害怕失去，就不去拥有了，对吧？

人生不必在意对错，只要是你认为值得的，就大胆去折腾。最被人笑话的是，在拼搏的年纪畏首畏尾，哭着远离梦想的那个你。

该拼搏的年纪别怕折腾

01 >>>>

大四那年，当我们还在为升学、就业忙得焦头烂额的时候，有一个同系的女生，却不紧不慢地学着新媒体，准备毕业后开办自己的新媒体工作室。

也正是因为如此，她的生活看起来没有因为毕业而被打乱。她白天泡在图书馆，晚上跟着网课一起学习新媒体运营，10点准时入睡。

那时有很多人都不看好新媒体。哪有那么好做啊？万一颗粒无收，不白白耽误了时间吗？

取得成功之前，所有尝试都曾经被人冷嘲热讽，但她似乎不在意。

毕业后，我们各奔前程，只有她还留在大学所在的城市。紧接着，她开始找场地，招员工，拉客户，一切都在她的规划当中。我问她为什么要选择新媒体这种收入忽高忽低，还处处存在风险的行业。她笑了笑说："现在做什么没有风险呢？多尝试一下总是好的。"

毕业，意味着人生走到了一个路口。这个路口并不是十字形状，而是有无数个方向。而此时的你，就踮着脚尖，站在路口的正中间，想一眼望穿每条路上的际遇。

可是，我们毕竟视线有限。倘若可以一眼望穿，哪里还会有希望和失望这样两种结果呢？

于是，我们看到的，是不同的人生。

有人喜欢甜品，海外学成回来，创办了自己的甜品店。有人喜欢旅行，放弃了体制内的工作，开始了一段未知的旅途。有人热爱音乐，即使风餐露宿，也要背着吉他，像侠客一样仗剑走天涯……

在跟随内心的这条道路上，不必过于在意对与错，只要你认为是对的，那就值得一试。最落人笑柄的，是在应该尝试的年纪畏首畏尾，对着梦想望洋兴叹的那个你。

02 >>>>

夜深人静的时候，我总会不由自主地想起过去的自己。

在某个烈日当空的午后，婉拒了辅导员让我考公务员的建议。

说实话，一直以来，我就是一个爱跟自己较劲的人。我喜欢把"跟自己较劲"用另一个词来比拟，那就是"折腾"。

为了练习口语，我主动去外教教的班里蹭课，坚持一整年凌晨5点起床，苦练口语；为了学习演讲，我甘愿省下生活费，买上机票，千里迢迢地去参加训练营，回到宿舍后躲在卫生间里模拟；为了支教，我愿意自掏腰包，克服一切艰苦的条件去奉献；为了去看日月星辰和山川湖海，我愿意抛开一切，只身开启一段有关旅行写作的新生活……

有人问我，这么折腾难道不累吗？

当然累啊，可我就是喜欢折腾啊。

人生本来就短促，再不折腾我们就真老了。

毕业后的这几年，我去过许多地方，尝试过许多新工作，也遇到过许多有趣的人和事。前途的未知，仍然像谜一般地吸引着我。正如《阿甘正传》里所说，人生就像巧克力，你永远不会知道下一颗是什么味道。

03 >>>>

都说认可一个人，始于颜值，陷于才华，忠于品格。而艺人韩雪之所以被那么多人喜爱，多半是因为她足够努力，并且始终行走在"折腾"自己的道路上。

初识韩雪的人，都会由衷地感叹："身为一名行程排得满满当当，整日忙碌不停的演员，她居然能把英语说得这么好，实在难得。"

事实上，韩雪不仅仅满足于演戏的快乐，更满足于自己的身体力行，为他人做榜样。

江苏卫视《说出我世界》节目有一期邀请了韩雪。韩雪在演讲中说，为了弥补自己在口语上的短板，能够用英语和别人灵活自如地交流，她也尝试过报培训班，可结果都不尽如人意。

后来，在一个偶然的机会，很少刷微信朋友圈的她，从朋友圈里看到一个朋友吐槽"魔鬼式"教学，自此，她便开始了一段新的学习之旅。从那时起，不管拍戏多忙，也不管身体有多不舒服，哪怕是发高烧，她都会坚持在次日的凌晨前把作业上交。让所有人出乎意料的是，这个老师身在北京，而她在上海，在她每月1000分钟的通话时间里，有900分钟都用在了和老师的远程通话上。

为了突破口语的瓶颈，韩雪选择了类似石油市场、DNA、探索火星这些专业文章的翻译课程。她在演讲中说："我真的有一种冲动，把这些原文放在翻译软件里翻译出来，事实上我也这么干过。可是结果呢，翻译软件是逐字翻译的，以至于最终它会影响你的阅读，你还得从头来，把它们按照自己的理解去读懂。所以，你会慢慢明白，学习其实没有捷径可走，你要想学好，只能不找借口，不留后路。"

　　当年高考填志愿，韩雪只填了上海戏剧学院的表演专业，而且不服从调剂，完全打消了家人想要她上外国语学院，毕业后当一名外交官的想法。大学一年级的时候，她的电脑进了水，她硬是没有去维修店，而是选择自己修理，以至于开启了一条刷机、装系统、修电脑的"不归路"。当歌手初期，她被贴上了"玉女"的标签。为了撕掉这个标签，她一直努力去拓展戏路，以至于拍戏时剧组给她安排的角色，她总是习惯性地推掉，再申请去演一些自己从未尝试过的角色……

　　我最喜欢演讲里的一句话："我很喜欢现在的自己，虽然麻烦是自找的，但是人生是自己书写的。"

　　是啊，青春年少，不去折腾，老了拿什么回忆下酒呢？

　　人这一辈子最后悔的事情，并不是做过什么，而是还没来得及去做些什么。

　　要记住，生命就在于不断的探索。在一个未知的旅途中辗转探索，迂回颠簸，看过的风景、遇到的人，都会在某个特定的情景里，产生特定而莫名的情绪。把所有特定而莫名的情绪串联起来，才足以称得上多彩的人生。

如果人生也有黑板擦，可以肆意地擦掉遗憾，那会是怎样一番情形？可惜的是，时光匆匆流逝，没有任何重来的机会。我不需要成为优秀的别人，只需成为更好的自己。

愿你活出自己想要的模样

01 >>>>

贴吧里，有一个人提问："想一想，你人生最大的遗憾是什么？"

其中获赞最多的回答是："错过了太多想见的人、想看的风景，再回首，却发现已经不是最初的自己。"

我们都曾倔强地想要活成自己想要的模样，最终，有人坚持了，有人妥协了，有人笑着流出了泪，有人痛哭着说再也回不到过去了。

不能按照自己想要的方式去生活，就是人生最大的遗憾。

前段时间，朋友圈里疯传一个暖心视频。某国外新闻网站，在纽约的街头放置了一块黑板，并在黑板最上面写了一排大字："写下你最大的遗憾。"

这一举动引起了不少路人的注意，却迟迟没有人敢写下自己的遗憾。直到一个女士勇敢地写下"没有坚持自己对艺术的追求"，大家才放下戒备和疑虑参与进来。

有人说，遗憾没有申请医学院；有人说，遗憾没有拿到MBA学位；有人说，遗憾放弃了儿时的梦想；有人说，遗憾没有说出"我爱你"；还有人说，遗憾我所做的事情，总不在计划中，从来不是我真正想做的……

后来经过该网站工作人员总结，所有遗憾都有一个共同之处，那就是：没能抓住曾经拥有的机会，没能说出想说的话，没能追寻自己的梦想。

如果人生也有黑板擦，可以肆意地擦掉遗憾，那会是怎样一番情形？可惜的是，时光匆匆流逝，没有任何重来的机会。

无法回头，俱往矣。

02 >>>>

美国有一个名叫博朗尼·迈尔的临终关怀护士，曾写过一篇《临终前你会后悔的事》，总结了人到生命尽头的那一

不管是早早成名，还是大器晚成，最重要的，是不负光阴，趁青春年少，活出一个独一无二的自己。

趁青春年少，活出一个独一无二的自己

01 >>>>

拜访过的一家上市公司，公司的墙上写着几个赫然醒目的大字，让我记忆犹新：有的人30岁就已经死去，只是身躯要等到80岁才埋葬。

回去的路上，我的脑海里始终萦绕着这句话。有的人过着千篇一律的生活，庸庸碌碌地活着，始终不明白自己将要去哪里。千篇一律的生活，不是多彩的人生。

勇敢地跳出固有的、狭隘的、枯燥的圈子，发现更多精彩的可能性，让短暂的生活释放出最夺目的火花，才不枉这一生。

丹麦一位著名摄影师花了近10年时间在街头做了一个实验。

按照计划，他每天要在八点半准时出现在纽约某中央车站，去蹲拍过往的行人。

长期的拍摄，让他有一个惊奇的发现：同样的人，在不同的日期，竟然会出现在同一地点，除了衣服有所改变，他们的表情、发型、装束，甚至姿态都是出奇地一致。

两个月以前无精打采、满脸困意的女士，两个月后依旧疲惫不堪，而那个看起来明媚灿烂、边走边笑的女孩，不管过去多少天，依旧满面春风。

实验过程中，摄影师惊呼自己也是其中的一员："我简直不敢相信，在纽约，人们都在日复一日重复地生活，就像陷进一种固化的模式里。"

谁不想活出一个与众不同的自己？谁不想打破日复一日的枷锁，活出一个崭新的自己？

可事实是，在没有跳出舒适区之前，我们都习惯于波澜不惊，于是渐渐地，我们变成了自己讨厌的模样。

时间不等人，要想改变，此刻就是最好的开始。

02 >>>>

不得不说，一流的人都懂得尊重自己内心的感受，而不是活在别人的期待中。

中国有句话：说你行，你就行，说你不行，你就不行。

这其实是一种谬论。

行与不行，好与不好都是别人的看法，而不是我们自己的期许。要想真正活得独一无二，就需要有更大的勇气。不，我不是别人眼里的自己，我有自己的目标和方向，并坦然接受自己的不完美。

30岁之前必须结婚，否则就是剩男剩女？

30岁之前必须事业有成，否则就是失败者？

其实不然。

每个人都有自己的成长节奏，每个人发展的步伐也各有不同。就如我们所见，有些人早早成名，有些人则大器晚成。不管是早早成名，还是大器晚成，最重要的是不负光阴，趁青春年少，活出一个独一无二的自己。

如果用表格涂鸦的方式来量化我们的一生，一个月就是一个小格子，那么算下来，人生大约有900个格子。

如果每过一个月就涂掉一个格子，我们所剩的格子已然不多。不管是打拼事业的时间，还是和家人朝夕相处的时间，留给我们的都是少之又少。

我们还有多少想做却未做的事情，还有多少时间去弥补过去的遗憾？

有时候，我特别害怕别人跟我说"余生"这两个字。

余生，并没有我们想象中的那么长。

所以，如果有梦，趁青春年少，赶紧去追！

03 >>>>

被媒体称为中国式荒野食客，比贝爷吃得更凶猛的陈东熠，在2016年的某天，将近30个小时没睡，开了3200公里的车，去了一趟地广人稀的海拉尔，由于途中吃了一次野餐，就再也没有停下寻味的脚步。

就这样边走边看，随烹随食，一辆车、一顶帐篷、一把斧头就开始了寻味之旅。

陈东熠曾在内蒙古学做石头煲羊，在额尔古纳河的桥洞下钓鱼，在湘西秘境的河床里打捞桃花虫，在大兴安岭的丛林深处采蘑菇，也曾经在莫力达瓦的夜晚，由于车轮陷入泥坑而被困4小时，在腊尔山上被剽悍的苗民团团围住……

那些芙蓉镇上嫁到酉水彼岸的船女，骆驼山村里不怕生的小女孩，湘西丘陵身中剧毒的蛇王龙叔……人情冷暖看遍，何尝不是另一种饕餮大餐！

对于驱车，他宁愿走乡道村道也不愿走省道，原因是："具体怎么走不知道，就是那种'不知道'让我很着迷。"

陈东熠回忆到，自己出生在海边，从小就练就了"野外生存"的技能。采野果、捉螃蟹、抓野鸡……只要有食材，随时随地可以生火做饭。从1999年，他就开始旅行，穿越沙漠、原始森林和海洋，到现在已走过大半个地球。

陈东熠说，他很喜欢这种生活方式，边走边玩边做饭，顺便把有趣的旅行故事记录下来。也正是因为如此，他成立的"野录"自媒体品牌，每一期旅行拍摄，都获赞无数。

一场想走就走的旅行，我们究竟要等到什么时候才兑现给自己？

袁岳在《趁年轻，折腾吧》里说道："年轻的时候就是想要什么就追什么的时候。人的一辈子，在这个年龄如果还不去追求、还不去寻找自己想要的东西，而去接受自己不想要的东西的话，你这一辈子活得有什么劲儿！"

我们如此幸运，可以领略这个世界的美景，感受这个世界赠予的美好。

趁年轻，我们就要活出那个耀眼的自己，即使不耀眼，也要努力活出独一无二的自己。

最好的旅行，不是你百计皆施地叫他看日出，他却"百毒不侵"地躺在原地，而是朝霞红遍天际之前，你能够惊喜地说："原来，你也在这里。"那些装睡的人，就让他们自己醒来吧。

你可以装睡，但现实不会

01 >>>>

大学军训那会儿，我们围坐在一起，这其中就有胡夏。胡夏说，从小到大，自己都在班里名列前茅。可惜的是，一向成绩优异的他，却因为紧张，在高考这道坎上失了利。

胡夏的老家在安徽安庆，为了避开嘈杂的议论，他填报了外省的大学。那时他还心有不甘，觉得自己并非一无是处，并暗暗发誓一定要在毕业之后让所有人大吃一惊。

大多数人的通病，都是在表决心上踌躇满志，却在行动上退缩不前。

面对大学的种种诱惑，胡夏渐渐迷失了自己——上课玩手机，下课玩电脑，必修课选逃，选修课必逃，最后成为老师们的眼中钉。

"不是没想过好好学习啊，可实在克服不了惰性啊。不是没想过珍惜时间啊，可只要听到别人在玩游戏，别人都在谈恋爱，自己就不由自主地想放纵一下啊。"胡夏说。

于是呢，一直想说一口流利的英语，可到现在，连单词都好久没背了。一直想把图书馆的书看个遍，可到现在，即使被别人拉进图书馆，也只是占了个座，看书的心早已飘到了九霄云外。一直想考个证，哪怕是学会PS或者PPT，可到现在呢，报了班之后就再未上过，网盘存了那么多视频教程，除了第一次打开确认是教学视频，就再也没有打开过。

厉害的人无处不在。有随时随地和老外聊天的；有常年泡在图书馆的；有专业学得扎实出色的；有一毕业就被保研和被大公司录用的；有大学时就开始创业，还没毕业就成了校园风云人物的……

胡夏也想成为这样厉害的人。可惜的是，明知道自己有大把的时间却没有珍惜，明知道自己有升学的机会却徘徊犹豫。最终，买的书落了一层灰，电脑上几个游戏键倒被磨得锃亮。

那些装睡的人，首先要做到的，就是让自己主动醒来。

也许，只有到撞到南墙、头破血流的那一刻，他们才会懂得，这来之不易的每一天，都不该去虚度。

02 >>>>

和同事娜姐聊天，总会有意想不到的收获。有一次，我问娜姐，为什么有些事明知道不对，对自己不好，却还是有那么多人硬着头皮去做呢？

娜姐的回答非常中肯，因为努力不一定成功，不努力会很轻松啊。

的确，对于某些人来说，改变是极其痛苦的。他们总是"依赖"在舒适区里，享受唾手可得的一切。这种"依赖"让人觉得省力和舒服，渐渐地，就模糊了舒适与否的界限。而当他们认知到自己沉溺太久，想要改变时，却发现难以自拔。与此同时，把思考转化为行动，还需要一定的意志和努力，这才是无法突破的根源所在。

一匹被人类驯化的野马，如若被放归野外，跑得不够快，危机意识不够强，就只有被强大的敌人吞进肚子的命运。

一般情况下，一个人是很难改变自己的。改变自己，需要强烈的刺激，从而形成一股强大的推动力。所以啊，那些失恋、濒死、失去亲人等撕心裂肺的痛苦，足以让一个人脱胎换骨。

比起撕心裂肺的痛苦，我更希望你怀有梦想，被梦想唤

的意愿去生活，却很少有人愿意互换角色，考虑子女原有的期许。余生的家人也不例外。

因为工作的独特性，余生要常年跟着团队去郊外，甚至是去荒无人烟的山区工作。时间久了，余生开始厌倦这种居无定所的生活，痛定思痛地辞了职。与此同时，女友也搬进了城里。

所有人都觉得他疯了，那么好的工作，不是人人都有机会的。最气愤的是他的爸妈："好端端的工作说辞就辞，工作没了着落，就等着饿死吧。"

事实上，家人的担心并非多余。就在他搬到城里两个月后，女友因为看不到希望向他提出了分手。是啊，不是每个姑娘都愿意陪你在条件恶劣的生活环境里蜗居，也不是每个姑娘都有义务陪你吃苦到底。

余生回忆起过去，眼里泛着泪花。当时隔壁住的是一个工人之家，有一天晚上，男孩从路边捡到一只狗，男主人看到后气愤地往外撵，还踢得小狗满身是血。

小狗除了睡觉，其余时间都在哀号。余生动了善心，白天要么出去找工作，要么去网吧学习建网站和SEO（搜索引擎优化）技术，晚上就回来照顾小狗。为它安窝，为它清理伤口，喂它小吃街上捡来的香肠和肉骨头。

没想到的是，小狗还是死去了。

该有多悲催啊，连只狗都养不活，他常常这样感叹道。那一晚，他独自一人站在天桥上，望着远处的车水马龙、灯火霓虹，多少次想一跃而下。

为了维持生计，他最终选择了做苦工——在超市搬货，顶着寒风炎日给别人送快递。

虽然每月赚不到2000块钱，可他说，那都是真正靠自己赚来的，只要熬过去，什么都不怕了。

如今的余生，已是一家网络公司的总裁，公司规模也从当初的几个人，拓展到了数十个人。实现财务自由后，余生依然坚持自学建网站和SEO技术。他说，这是当年救活他的饭，打死也不能丢。

说到这，余生的嘴边有了一丝微笑："10多年过去了，回想那段日子，虽然过得并不如意，但却活得像个英雄。我从未后悔过当初的选择，尽管家人反对，女友离去，可我只想做我自己，活出自己。"

这次分享让我有些泪目，不是谁都可以坚持自己的道路。有时，活出自己的确难能可贵。

前往自由的路上，总会有一些不尽如人意的事情挡住去路。这时，前方有狼，后方有虎，我们除了披荆斩棘地杀出一条血路，真的别无选择。

02 >>>>

前段时间，公司里负责行政的小玟找我诉苦。

她满面愁容地对我说："虽然我刚刚入职不久，可我是真想把工作做好，为什么总是事与愿违？"

我急切地问她发生了什么，她几乎要哭了出来："新阳，也许你根本不知道，行政的工作到底有多难干，每次我按照公司的规章制度在群里公布处罚公告的时候，群里就瞬间炸开了锅。那感觉，就像是我故意在针对某个人，可是我并没有啊，我不过是在执行我的工作罢了。"

我问她："那你自己觉得是不是在针对某个人？"

她连连摇头，说："怎么可能呢，如果那样我不就给自己挖坑了吗？我只是觉得自己不适合做行政，监督得太严，同事们总觉得我是个小人，故意疏离我，可要是监督不严呢，大领导小领导又该挑我的不是了，我到底怎么办才好啊？"

这让我想到了学校里的纪律委员，同样承受着来自同学和班主任之间的压力。我笑了笑，没有立马回答，而是给她讲了一个小故事。

有一个青年请教大师："大师，有人夸我是天才，有人骂我是笨蛋，依你看呢？"

大师反问："这个问题先别急着问我，要问问你自己。"青年一脸茫然。

大师接着说："譬如一斤米，在炊妇眼中是几碗饭，在饼家眼里是烧饼，在酒商眼中又成了酒。米还是那米。同样，你还是你，有多大的出息，取决于你怎么看自己。"

小玟听后，豁然开朗。

在我看来，为自己而活和为别人而活就相当于天平的两端，注定无法平衡。

蔡康永曾说过："长大这么辛苦，如果不趁机成为自己生活的主人，实在太不划算了。"所以啊，活出自己就好，不必取悦其他人。

为别人而活，就注定牺牲自己，拔掉自己的羽翅为别人制衣添暖。为自己而活，就要懂得听从自己的渴望。渴了饿了就喝水吃饭，爱了恨了不撒谎，温柔也会有力量。

03 >>>>

某个深夜，陈可辛执导的《做自己》火遍了朋友圈。这是一部由网球世界冠军李娜主演，根据李娜自传《独自上场》取材的短片。

走下球场的李娜，穿着长裙，脚蹬高跟鞋，优雅地走进一家咖啡厅。就在她将要打电话的那一刻，早已去世的父亲如梦境一般坐在了她的对面。

"你这几年过得还好吗？跟我讲讲吧。"父亲望着她说。

"我结婚了。"看到父亲微笑地点了点头，李娜接着说，"打了12年的网球，2002年我退役进入大学。你肯定想不到，我选的是新闻系吧？"

父亲缓缓地摊开李娜的手，说："后来你又复出了，你手上的茧子告诉我，你又打了10年球。"

这时，李娜湿了眼眶："我2004年复出，又回到了球场，终于成为我一直想成为的职业球员。"

画面一转，回到了李娜的童年。那时，她因打网球小腿变粗，常被其他孩子嘲笑不像女孩子，于是坐在二八杠自行车上的她，小心翼翼地问爸爸："我好看吗？"

爸爸的回答简短却发人深省："做你自己，就会好看。"

后来爸爸走了，李娜得了冠军。随后退役，结婚生子，成为一名作家和教练。这些年来，她似乎从未忘记做自己，爸爸也从未离开过她的世界。

这个短片最让人感动的一个画面，是李娜一边流着泪，一边对父亲说："我以前觉得打球特别难，现在觉得生活更难。"

父亲安慰她说："以前比赛的时候，别人能看到你的努力，现在可能你的努力别人看不见，但没关系，因为你是在为自己绽放。"

有一种成功，无关输赢，无关名利，而是真正按照自己的意愿去生活。按照自己的意愿去生活，不必讨好任何人，看似一念之间，改变的却是整个人生。

我始终认为，一个人之所以苦恼，无外乎两个原因：一是事情没有按照自己的设想去发展；二是没有听从自己的内心，最后发觉时却为时已晚。而第二种，显然更容易改变，不至于全盘皆输。

我非常喜欢一句话：真正的励志，哪里是向你灌输鸡汤就能逆袭的？真正的励志是生于平凡，却用自己的方式，热爱着生活，努力地生活。

在这个满是芸芸众生的舞台上，你才是真正的主角，永远都是。

愿你可以活成自己喜欢的模样，不必取悦任何人。好好爱自己，用最好的姿态迎接这世界，最终，像潇洒姐所说的那样："愿你有高跟鞋也有跑鞋，能喝茶也能喝点小酒。愿你对过往的一切情深意重，但从不回头。愿你特别美丽，特别平静，特别勇猛，也特别温柔。"

如果爱他，那就用行动证明你的爱，毕竟爱是需要行动来证明的，不是想出来的。

02 >>>>

中华航空曾推出一条品牌广告片《那场说走就走的旅行呢》。

这条广告片只有1分多钟，灵感均来自日常的生活，取材真实，拍摄手法新奇，上架不到2天，点击量就突破了400万。

一个姑娘走在路上，突然被楼上清洗玻璃的工人泼了一盆凉水，姑娘猛然抬头，竟鬼使神差地看到两个闺密带着行李出现在楼上，屏幕上突然出现几个大字："说好的泰国泼水节呢？"

一个戴着黑色眼镜框的商业男士，在卫生间里如厕，翻开报纸的第一页，就看到关于极光的新闻，抬头竟看到所有员工都出现在面前，屏幕上突然出现几个大字："老板，说好的去加拿大看极光呢？"

一个男子忙碌得脱不开身，转过身一看是儿子，屏幕上突然出现几个大字："说好的迪士尼呢？"

另一个姑娘走进一家咖啡厅，准备点上一杯下午茶，两个朋友竟坐在对面，屏幕上突然出现几个大字："说好的去英国喝下午茶呢？"

最让人印象深刻的是短片的最后，一对年长的夫妇坐在车里，一个青春靓丽的女孩踩着高跟鞋、穿着热裤走过。丈夫望了望靓丽的女子，又望了望身旁年老的妻子，屏幕上突然出现几个大字："说好的夏威夷蜜月呢？"

是啊，我们总是要在被淋成落汤鸡的时候才会想起，和闺密一起去过泼水节；总是要在看到旅行的新闻，才会想起对员工们的承诺；总是要在孩子出现之后，才能想起孩子的心愿；就连几十年前说过的蜜月之旅，奈何等到妻子熬成了老太婆，都没有来得及兑现！

口头承诺永远苍白无力，行动起来才可以证明自己。没有行动的承诺是可怕的，亲手撕毁了承诺不说，那些期待也因自己的"不为"而消磨殆尽。

说得漂亮，不如做得漂亮。没有行动，哪来的日月星辰？没有行动，又哪来的山川湖海？

03 >>>>

娟姐是我工作上的搭档，也是我工作之余的好友。犹记得，我曾和娟姐讨论过"在乎"这个话题。

自从娟姐结婚后，她常流露出内心的喜悦。

她曾不止一次地对我说，真正爱一个人是需要付出行动的，而所有行动都会在女生这里汇成一句话："对的那个人，永远会在乎你。"

我好奇地问她对"在乎"的理解，她说："不在乎你的人，常会借着'在忙'的幌子敷衍你，假意地用一句'回聊'搪塞你，转瞬杳无音讯。而真正在乎你的人，把你说过的每句话都记在心里，不惜放下自己的一切来陪你。

"不在乎你的人，给你发着晚安和困意的表情，自己却熬着夜，发着和你毫无关系的朋友圈。而真正在乎你的人，会想着你会不会失眠，被子有没有盖好，夜里会不会冻着。

"不在乎你的人，只顾加班和应酬，完全把你抛在脑后。而真正在乎你的人，会在下班的路上给你买上你爱吃的夜宵，甚至系上围裙为你煮上一碗面。"

娟姐和她的男友也曾分处异地，可距离并没有阻碍他们真心相爱。

有一年，梅花开得正艳，她激动地告诉他，说她希望有一天他们能够像其他恋人那样，在花海里徜徉。

没有片刻犹豫，她的男友推掉了手头所有的工作，买了飞机票。见到他的那一刻，她感动得流下了泪，并暗暗发誓，要和他谈一辈子的恋爱。

真正爱你的人，即使再忙，也都对你永远有空。所以啊，别再陶醉于那些华而不实的自我感动了，爱从来都不是嘴上说说，而是要用行动来证明。

爱情剧《亲爱的翻译官》里有一句台词是这样说的："真

正的坚持不是在最短的时间里做决定，而是在最长的时间里去行动。"

要想认清一个人是否真的爱你，只要看他是否真的愿意为你付出。一万次承诺，都抵不过一次切实的行动。

所有的爱，只有行动了才叫爱。

一个人有多大的成就，在很大程度上取决于他对当下的态度。不要去相信永远，你所能做的，就是眼前。把握现在，所有的美好终会如期而至。

把握现在，就是对未来最大的慷慨

01 >>>>

新片场的创作人舞刀弄影，曾拍摄过一部关于都市一族心理写照的温情片《平凡英雄》。

一个身心疲惫的皮夹克男子，把重重的行李放进后备箱，那是他第11次想要逃离这座城市。一个勤奋加班的白领，文案被批得一无是处，那是她第7次想要离职。一个身着西装、满脸焦虑的公司股东，在公司转型上和其他股东产生分歧，那是他第26次想要离开公司。一个生活平淡、愈加沉闷的妻子，常常压抑得夜不能寐，那是她第33次想要离婚。

我们都在不断地张望，试图改变这个糟糕的现状。于是就有了"离开这一切，或许就好了""换个时机，或许就好了""换个对象，或许就好了"……

可如果都换了，一切真的会变好吗？

冷漠的城市，哪里都有刁难人的上司和工作的压力，哪里都有枯燥的往复和驱不散的焦虑。有时候，逃离不过是一场自欺欺人的游戏。

《狮子王》里，辛巴遇到丁满的时候，丁满劝辛巴："如果世界遗弃你，那你也遗弃世界好了。"

一个人心灰意冷的时候，面对不幸，最偷懒的方式，或许就是逃避吧。而遗弃世界，不过是逃避世界更高级一点的说法而已。

既然要换，为什么当初要选择？我们翻山越岭，一路跋涉，总少不了跌跌撞撞和磕磕绊绊，而最初的热爱和梦想，并没有因此黯淡。

眼前的苟且尚且无法解决，还奢望干掉远方的苟且吗？面对无法容忍的现状，与其遗弃这个世界，不如把握现在，迎难而上。

毕竟，不把握现在的人，有什么资格谈未来？

02 >>>>

曾问过一个朋友，哪个瞬间会让他觉得当下的时光最珍贵。

我得到的回答是，当你发觉生命只有一次的时候。

没有哪一年、哪一天会比当下更珍贵了，逝去的将不再重来，未来又有太多未知，只有当下才是最值得珍惜的。

记得2009年日全食出现的那一天，所有同学都按捺不住激动的心情，都在议论这"百年一遇"的奇观，一度让课堂无法安静。

上地理课的时候，老师并没有急着给我们讲授日全食的知识，而是语重心长地对我们说："日全食虽然难得一遇，可仅有一次的今天，不也是绝无仅有的吗？今天过去了，就再也不会重来了，不比日全食更珍贵吗？"

全班同学都幡然醒悟。

有人叫嚷着锻炼塑身，却只有三分钟热度，而后用各种理由麻痹自己。有人标榜着有各种梦想，却只是空想，从来不去实践。有人想要改变现在糟糕的一切，却迟迟迈不出脚步，即使上天向他伸出了援手，他都不愿意挪挪身子。

没有哪一天可以停滞不前，也没有哪一秒可以重新来过。放弃了当下，把所有事情都推到无休无止的明天，你的明天会更加遥不可及。

总有一天你会明白，活在当下，才是对人生最大的敬意。你最应该珍惜的，就是这来之不易的每一天。

03 >>>>

诺贝尔文学奖获得者莫言曾讲过一个故事:

"多年前我跟一位同学谈话。那时他太太刚去世不久,他告诉我说,他在整理他太太的东西的时候,发现了一条丝质的围巾,那是他们去纽约旅游时,在一家名牌店买的。那是一条雅致、漂亮的名牌围巾,高昂的价格卷标还挂在上面,他太太一直舍不得用,她想等一个特殊的日子才用。讲到这里,他停住了,我也没接话,好一会儿后他说:'再也不要把好东西留到特别的日子才用,你活着的每一天都是特别的日子。'

"以后,每当我想起这几句话时,我常会把手边的杂事放下,找一本小说,打开音响,躺在沙发上,抓住一些自己的时间。我会透过落地窗欣赏淡水河的景色,不去管玻璃上的灰尘。我会拉着家人到外面去吃饭,不管家里的饭菜该怎么处理。生活应当是我们珍惜的一种经验,而不是要挨过去的日子。"

人们总是习惯把希望寄托于明天,可明天自然有明天的烦恼和心结,我们唯一可以把握的,就是现在。

04 >>>>

有一个哲理故事说来有趣。一个男人被老虎追赶，逃跑时不小心掉下了悬崖，好在他眼疾手快抓住了一根藤条，身体悬挂在空中。

男人往下看，万丈深渊在等着他。抬头向上看，老虎在上边盯着他。往中间看，发现藤条旁有一只熟透了的草莓。现在这个人有上去、下去、悬挂在空中什么也不做和吃草莓4种选择，他应该选哪个？

禅学大师的答案是："吃草莓。"

好看的衣服现在就要穿上，想去的地方现在就去启程，可以触摸到的幸福不要等到人走茶凉之后再去感受。

曾有人在网上提问："30岁才开始学写作、学英语、学音乐靠谱吗？"其中获赞最高的回答是："种一棵树最好的时间是10年前，其次是现在。"

是啊，对未来的真正慷慨，就是把一切献给现在。

一个人有多大的成就，在很大程度上取决于对当下的态度。不要去相信永远，你所能做的，就是眼前。

把握现在，所有的美好终会如期而至。

PART 2

为了让你半夜哭醒的梦，

你也走了很远的路吧

———

海明威曾经写下：『这个世界很美好，

我们应该为之奋斗。』我同意后半句。

有的路，走着走着就走通了。黑的夜，熬着熬着就天亮了。那些打不倒你的挫折，终究会让你更强大。

那些打不倒你的，一定会让你更强大

01 >>>>

有一句话常常在朋友圈刷屏：没有在深夜痛哭过的人，不足以谈人生。

谁不曾在深夜里痛哭，谁又不渴望爱和被爱？有时候，宣泄出来远比故作坚强要强得多。哭过之后，也请你擦干眼泪，别那么容易就被现实打倒。

身边发生过，这么一个催泪又令人振奋的故事。

曾有一段时间，一个男人躲在楼下的楼梯间里借酒消愁。

那男人文质彬彬，戴着一副黑框眼镜，穿着蓝色的衬衫，袖子卷到了胳膊肘上。但仔细一看，他脚下全是喝空的啤酒瓶。

原以为他不过是喜欢喝酒，后来才知道，他的父亲前不久突发脑溢血去世了，他没来得及见最后一面。不仅如此，他创办的公司接连亏损，如今资不抵债，已经到了破产的边缘。而他谈了好多年的女友也不辞而别。接二连三的打击，让这个看起来健壮的男人开始酗酒。

平日里滴酒不沾的我，那晚陪他喝了好几瓶。见我坐下，他默默地递给我一支香烟和打火机，我分明看见，他点烟的时候双手一直在颤抖。

我陪他坐了很久，说起了许多身边的人和事。这些故事，有的近乎相同，有的甚至比他的经历要惨上好几倍。我愿意听他倾诉，也乐于帮他解开郁郁的心结。

那些平日里看起来嘻嘻哈哈、没有烦恼的人，不见得夜深人静时不会孤独落寞。那些平日里坚强刚毅、活泼乐观的人，也不见得在夜深人静时不会独自舔舐自己的伤口。

其实，我们都是"都市贝壳人"，对外都有一个坚硬的壳，藏在里面的却是最柔软的内心。我们怕受伤，所以把自己的外壳铸造得像钢铁。

我们怕被辜负，除了少数人，谁也不曾看到我们的内心。

从那以后，我再也没在楼道看到过他。直到有一天，他叩响了我家的大门，说是要去北京找一个投资人，准备重整旗鼓，再度创业。听到这个消息，我也为之振奋。

尼采说："一棵树要长得高，接受更多的光明，它的根源就必须更深入黑暗。"

我们都是在黑夜里迷茫、无助，却依旧咬牙坚持的人。流过泪，忍受过孤独，才会更懂得一个可以依靠的肩膀是多么可贵。

02 >>>>

记得金志文演唱的那首《都市贝壳人》，一经推出，就频频占据各大音乐排行榜的榜首。

"我本一无所有而来，漂浮在茫茫的尘海，在未知中忐忑期待，总是不甘心接受未来的安排。心想要柔软的摊开，却不经意忘了伤害，渴望安慰，感觉到身心疲惫，有扇门在为我一直等待……"歌词道出了许多人的心声。

这首歌的诞生并非突发奇想，而是贝壳找房精心策划后，和唱作人合作的结果。这个房介品牌采访了100多个都市人，并选择了其中3个最能触动人心的故事，拍成了一条温暖而走心的短片。

一对年轻情侣终于有了自己的新房，却遭到了女方家人的极力反对。一对陷入窘境、为钱奔波的中年夫妻不敢再接受突如其来的二胎。一个离婚的女白领，事业生活一团糟，还要独自抚养孩子长大。

其实，我们都是天生柔软的动物。是外界的磨难，让我们逐渐长出了坚硬的外壳。

谁说我们注定被现实打倒？

只要彼此深爱，踏实努力，就不怕所谓的"门当户对"。为了留住一个还未来得及看看这个世界的小生命，拼尽全力又如何？当事业和生活使你不堪重负时，振作起来，这世上只有过不去的人，没有过不去的坎。

我常放在嘴边的一句话就是：所有事情最终都会变好，如果没有变好，那是因为还没到最终。那些流过的泪不会白流，受过的苦不会白受，那些打不倒你的挫折，一定会让你更强大。

坚强起来，一切都会渐渐变成你想要的模样。

03 >>>>

英国导演马蒂亚斯·霍思，用镜头记录了残疾军人马克·史密斯的励志故事。

马克曾经在波斯尼亚、伊拉克和阿富汗服过役。6年前，马克在加拿大参加了前往阿富汗的预备部署训练。一个年轻人在清理管辖区的房间时，对着角落练习开枪，而马克恰好就在墙的另一边，不幸中弹。

命运似乎从那时起发生了改变，弹片猝不及防地袭来，一枚穿过了他的右肩，更要命的是，6枚击中了他的右腿。

在事故发生之际，马克的儿子只有5个月，为了再见到儿子，马克忍受着剧痛做了截肢手术。

出院之后，马克把空闲的时间全都花在了健身房，把所有烦躁、暴戾和失望转向积极的方面。无法再驾驶飞机，无法再操作控制台，无法用假肢行走，甚至是一事无成，面对众多的否定和质疑，马克的态度却始终无比坚决："我想要打破界限，建立新的标准，想要展示我能做的事，我不想被看作一个废人，我想让人们对我的评判，建立在我现在所拥有，而不是所失去的东西之上。"

"我的周围都是瘫痪了或是失去了两条腿的兄弟。"面对媒体，他倔强地说，"我知道相比之下，我已经很幸运了。我的家人需要我，我要给我的儿子树立榜样。"

军人的性格令他几乎没有时间去忧郁，通过异常艰苦的训练，马克最终获得了世界残疾人健美冠军。

真正的强者，不是流泪的人，而是擦干眼泪继续奔跑的人。正如人们所说，只有经历过地狱般的折磨，才有征服天堂的力量。只有流过血的手，才能弹出世间的绝唱。

文友鹿满川说："其实，真正能击垮你的，从来都不是别人的非议，而是你对自己的怀疑。"

只要精神不倒，世间万难都无法将我们推倒。

有的路，走着走着就走通了。黑的夜，熬着熬着就天亮了。那些打不倒你的挫折，终究会让你更强大。

谁不是拼了命地努力，才换来一个理想的人生。虽然辛苦，我还是会选择那种滚烫的人生。

哪有开了挂的人生，只有拼了命的努力

01 >>>>

刚来报社上班那会儿，我就认识了诺诺。

诺诺是和我一起进来的实习生，个子不高，皮肤黢黑，常常穿一件黑白格的圆领衫。

因为都是刚刚入职的实习生，没过多久，我和诺诺就成了无话不谈的好朋友。

中午去楼下吃饭，诺诺总是买一碗5块钱的鸡蛋面，不为别的，只因鸡蛋面在价目表中价格最低，而我也从未见他买过饮料、零食，甚至是早餐。一到同事聚餐，他就会婉拒，下班后也总爱扫码骑上一辆共享单车，匆匆地消失在车流中。

原以为诺诺不过是偏爱鸡蛋面的味道，不喜欢零食和饮料，早餐也一定是早早地吃完了，骑自行车是因为住处离公司近，拒绝聚餐也是因为有自己的事情。可事实并非如此。这一切都是为了给远在甘肃老家的母亲打钱治病，也为了让在北京念大学的妹妹过得好一些。

诺诺的努力，远远地超过了我的想象。为了研究新闻稿，他会在下班后反锁房门，把办公地点搬到家里，一页一页地啃那些晦涩的专业书。为了锻炼采访能力，他把时间充塞得满满当当，对着镜子一遍又一遍地练习。工作上一有不懂的地方，他就拿本子记下来，群聊里满是他的求教信息。

这样拼命，让我都有些自惭形秽。更令我震惊的是，诺诺还在夜间兼职——给一家连锁餐厅送外卖，一单不过才7块钱。

一次闲聊，诺诺问我："你知道凌晨2点的街头是怎样一番景象吗？"

我望着他，摇了摇头。

诺诺憨憨一笑，对我说："深夜2点的街头上演的是人生的大戏。匆忙赶路的人裹紧衣襟，无家可归的人四处游荡，为爱受伤的人嘶声大吼，酗酒买醉的人随地而卧……"

我一边听，一边想象着诺诺描述的场景，如鲠在喉。

我问他是不是要一直这样拼下去，难道不担心身体？

诺诺又是憨憨一笑，反问我："新阳，你有没有玩过一款叫QQ飞车的游戏？"

我使劲点了点头，诺诺接着说："很多时候，我们不过是在低速公路上奋力追赶的普通车，路况一般，速度一般，就算是挂了个飞挡，也只能目送那些装备超人的吉普车。"

紧接着，诺诺又为我算了笔账："在大城市，以一个普通打工者的薪资来计算，即使转正，月薪5000元，合租房一个月2000元，交通费800元，吃饭购物聚会1500元，生活用品费200至300元，这还不加恋爱花费、生病和突发情况。真正拿到手的5000块钱最终还能剩多少呢？日子已经捉襟见肘了，更别提什么买房了。要是再不控制点开支，一年到头就等于白忙活了。想一想，谁不是拼尽了全力，才换来一个差不多的人生？"

我简直不能再肯定诺诺的话了。

在这个竞争激烈的世界里，哪一个人不是伸直了脖子向上张望，憋足了劲儿向上攀爬。哪一个不是拼尽了全力，哪怕被逼到卷铺盖走人，也不愿意被别人看到自己的不堪。

02 >>>>

18岁那年，好友依然从一所名不见经传的中专学校毕业。就在医院实习并等待工作分配的时候，学校通报了一个消息，这一届的学生都不再分配工作。因为没有途径进大医院，私人诊所工资又低得可怕，无奈之下，依然转行到一家通讯公司当营业员。

营业员的工作是极其枯燥的，整天都是处理不完的业务和开不完的会，跟同事也难以相处。她痛定思痛，决定一边工作，一边高考。

当繁重的工作从四面八方朝她袭来时，她常常累到虚脱，连说话都没有力气。回到出租房，她就着家里带来的咸菜，吃完路上买来的馒头就开始学习。房间狭小，灯光昏暗，她埋头苦读的身影一次次地映在了墙壁上。

酷暑时分，她把双脚泡在水里，任凭汗水打湿了书本。寒冬季节，她把被子披在身上，再冷也舍不得买电热毯。就这样，她迎来了高考。

苦心人，天不负。依然最终拿到了山东某医科大学的录取通知书，开学前一周，她退了房子辞了职，也攒够了整整一年的学费。

在大学，她是班里最努力的那一个，坚持每天6点晨读，晚上雷打不动地把功课做完，一有时间就去图书馆看书，充实且不孤单。

到了毕业那天，她却没能留在实习单位继续工作。一是名额有限；二是比她长得好看，专业水平比她高的大有人在。

她没有气馁，在一次面试中凭借出色的口语，被外地的一家医院录用。几年的自律，让她舍不得浪费一分一秒，除了日常工作，她还报了在职研究生考试。

同事都喜欢用"人如其名"来夸奖她。

当别人在谈恋爱的时候，她在学习；当别人浑水摸鱼、和尚敲钟时，她依然在充实自己。

一年后，她成功考上了在职研究生，并晋升为护理部主任。同年，她有了自己的家庭，也有了可爱的宝宝。

从她的身上，我们或多或少都能发现自己的影子。一个人从底层毫不起眼的际遇里崛起，通过一点一滴的努力摆脱桎梏，不拼爹、不拼关系，拼的只是夜以继日的汗水和努力。

抛开"知识改变命运"这一说，依然之所以让人大受鼓舞，更重要的一点，是她愿意付出所有的努力，去换取一个理想的人生。

一个理想的人生的背后，是风雨兼程，是只争朝夕。

谁说不够闪耀的星星就不是星星？

要知道，为了发出那一点点光亮，无数个如依然般的人，付出的是多于天赋异禀、顺风顺水之人两倍、五倍，甚至十倍的努力。

03 >>>>

高中时，我的前排是一个胖胖的男生，次次考试都是年级前三名。看着他受到同学的追捧和老师的称赞，我只有羡慕的份儿。

到了下课，他就会转过头找我聊天。我不止一次地想陪他好好聊天，可那个时候我还比较内向，再加上除了学习，没什么其他兴趣爱好，于是，在一两次冷场后，他就不愿找我聊天了。

我渐渐地发现，前桌这个看似其貌不扬的男生，不仅可以滔滔不绝地谈起时事政治，还可以饶有兴趣地聊起明星轶事。从趣闻、历史到政治、科技，再到军事，他都可以讲上好几个小时。

于是，我陷入了一种自卑的情绪。

如果不是聪明，或者是记忆力过人，又怎能兴趣广泛又保持那么好的成绩？

苦恼、不堪、迷茫，如影随形地折磨了我好多天。

后来，还是我的同桌张蓓，把我从自卑的沼泽里拉了出来。

她语重心长地对我说："新阳，你要知道，在这个世界上不可否认有肖奈大神的存在，他们根本不用拼尽全力，只要稍微动动脑筋，就可以轻而易举地取得别人难以望其项背的成绩。可是，站在金字塔顶端的毕竟是少数啊，哪有那么多的肖奈大神？

"所以啊，我们如果原地踏步，就永远没有翻身的那一天，很多时候，除了拼尽全力，我们真的别无选择。"

我没有说话，眼里满是泪花。

这个世界充满了竞争，学校如此，社会更是如此。我们可以没有相貌、没有学历、没有能力、没有人际，但最不能抛弃的，就是那颗"欲与天公试比高"的心。

上学时，老师常用"努力不一定成功，不努力一定不成功"来激励我们，当时我们都觉得这句话没有新意，烂大街的话根本不值得一提。如今看来，这句话却是我们遇难遇挫时，最有效的精神支柱。

谁不是拼了命地努力，才换来一个理想的人生。虽然辛苦，我还是会选择那种滚烫的人生。

时光，它不会忘记青春的热血；
梦想，它总会温暖寒冷的岁月。

没有一个冬天不可逾越

01 >>>>

有没有可能，让我们在心里建一面足够坚固的墙，抵抗所有的打击？

我相信有。

都说成年人的世界里没有"容易"二字，长大后，我们都承受了太多的苦楚和委屈。或许有时候，这个世界并没有想象中的那般美好，但并不妨碍我们去热爱它。

酷狗音乐曾拍摄过一个系列短片《致不易青年》，其中一期，说的是一个姑娘在城市里奋斗的艰辛故事。这个姑娘，映射的就是无数个在城市里打拼的我们。

周末要加班，姑娘顾不上在家吃饭。母亲百般叮嘱和牵挂，只有一个女儿，她要不断地安慰。

她花了两个星期递交的策划案，受到老板大声训斥。作为一个项目的负责人，她要承受来自上级的压力，同时，还要不露声色地鼓舞团队的士气。

没有休假，没有充足睡眠的情况下咬紧牙关，当项目推广计划被客户认可的时候，所有同事都兴高采烈地要去聚餐，而她却选择留在公司，一个人默默地吃盒饭。

最触动人心的是，她把每一笔开销都记录下来，交通卡500元，妈妈买菜300元，超市152元，甚至花在共享单车上的1元钱也记录下来。

当她在电脑上敲上"项目二期推广计划"几个大字的时候，她的内心得到了无比的满足。

在这个大城市里，压力和幸福并存。那些在别人看起来微不足道的满足，或许要耗尽我们所有的力气。

02 >>>>

看啊，所有可以标价的东西都在涨，出行在涨、穿着在涨、食物在涨，当巨大的生存压力扑面而来的时候，我们只有咬紧牙关、拼尽全力。

郑钧在《私奔》里唱道："把青春献给身后那座辉煌的

都市，为了这个美梦，我们付出着代价。"

把青春献给身后那座辉煌的都市，为了追梦，我们都曾在深夜里痛哭。哭过之后再擦干眼泪，祈祷着明天的我们会被岁月温柔以待。哪怕是比今天好那么一点点，那样，所有的汗水和泪水也都值得。

时光，它不会忘记青春的热血。梦想，它总会温暖寒冷的岁月。

03 >>>>

去年，有一位同城的阿姨找到了我，让我劝她的儿子周周复读。阿姨含着泪对我说，周周一直都在追我的文章，从中获得了很多力量。家里为了供他上学，已经一贫如洗了，所以，他想放弃复读，打工补给家用。

来到阿姨的住址，我被眼前拮据的生活状况震撼。

那是乡下的几间瓦房，房顶漏了一个大洞，用塑料布遮盖着。家里没有一件像样的家具。唯一的经济来源就是几亩地，阿姨和叔叔身体又都不好，日子的艰难可想而知。

周周的成绩一直很好，家里贴满了他的奖状。如果不是他过于紧张，这次一定可以考上理想的大学。

周周哭了好几个晚上，整天把自己关在家里，谁劝都没有用。

本来就不爱讲话的一个男生，这下更加郁郁寡欢了。如果一直走不出来，是很容易抑郁的。

最令人痛苦的事情，莫过于眼看唾手可得的东西，却偏偏发生了意外，只留下泡影破碎般的无奈。

有的人，似乎总是无风无浪、一帆风顺，顺利地升学、工作、恋爱，很少为世事所烦忧。更多的人，却要经历迂回、崎岖的路途，哪怕越过几座山，跨过几次岭，也不见得能看到光亮。

大概，人生的残酷就是这样吧。

后来，我带周周去了他心目中那所理想的大学。当那所无数次在他梦里出现的大学出现在他面前时，他的眼里闪过一道光。我们去教室旁听，去社团交友，去食堂吃饭，去球场打球……

这一路的开导没有白费，周周终于开口和我说话，并和我击掌约定，明年的今天，他一定要考上这所大学。

后来，周周重回了学校，比任何人都要努力。看着他越来越好的成绩，我相信他一定可以不负众望。

我常常对他说，只要你不放弃，一定会有逆袭的机会，更何况一时的失利，并不能决定你的一生。

我们可以痛哭，可以忍受孤独，但绝不能任由自己就此堕落。总有一天，我们心中的梦，会在这个世界得到实现。

04 >>>>

发小顾言，初中还没毕业就辍学了。

后来，他独自一人去大城市闯荡。这些年，他做过餐厅服务员、加油站服务员、油漆工人、快递员、推销员和搬运工。

在本该在学校里接受教育的年纪，他却要为了吃饱肚子四处奔波，顶着烈日和严寒艰辛劳作。还没到20岁，皱纹就爬到了他的脸上，那苍老的样子着实让人心疼。

一到过年，我们就会重逢。我会兴致勃勃地跟他说起学校的生活，他也会兴致盎然地跟我说起打工时的趣事。

冥冥之中，我总觉得我和他的关系会越来越远。让我没想到的是，这一天，竟然来得这样快。只不过两三年的工夫，我和顾言之间的鸿沟就已经无法跨越。从初中到高中，再到大学，我的时间大多花在了学校。而他不同，几年的人间冷暖早已铸就了他一身的铠甲。我们朝着不同的方向走去，只偶尔在节日里才会寒暄几句。

元旦长假，公司没有准他假期。那时，顾言在一家保险公司上班，从事着最底层的销售工作，几个月下来，赚的钱还不够老员工的个税钱。

因为家里需要用钱，再加上生存压力，最拼命的那一个就是他。即使节假日没有休假他也毫无怨言。即使这样，他的工资还是少得可怜。

"最开始的那段时间，我的眼泪总会自己流下来。其实，我特别害怕深夜，那样我会更孤独。"许久没有和我聊天，这一次的联系，让顾言再一次对我敞开了心扉。

那段时间，我和顾言虽然少了联系，可我们还是没有忘记彼此。

庆幸的是，顾言没有让关注他的人失望。就在入职后的第三个月，他开始有了稳定的客户，工资也渐渐水涨船高，顾言再也不是那个晒得汗流浃背都不舍得买瓶水，冻得瑟瑟发抖都不舍得买双棉鞋的傻小子了。

我们都曾是"不易青年"，骨子里都有一股不服输的韧劲。即使前途迷茫，也要风雨无阻地走下去；即使被撞得头破血流，也会坚信守得云开见月明。

不是所有成功，都能归结于战胜了苦难。有一种成功，是战胜了过去的自己。顾言，受够了他人冷落的酸楚，咽下了奔波的苦水，拔掉了身外所有的芒刺，拼尽全力打了一场翻身仗。他，成功了。

没有什么是过不去的。走着走着，雨自然会停，天也自然会晴。而那些曾让你哭过的事，也总有一天能够让你笑着说出来。

只有承受人生的颠沛流离，才能迎来温暖明媚的自己。

所谓努力，不过是为了战胜人生的残酷

01 >>>>

听朋友说起过这么一个真实的故事：

一个来自贵州的男生，在上二年级的时候父亲就因为一场车祸去世了。一个家瞬间没有了顶梁柱，母亲也没有工作，日子过得异常艰难。

母亲在媒婆的劝说下改嫁，再婚之后却发现对方是一个整日酗酒的酒鬼，一喝醉就打骂娘俩。因为天天挨打，日子变得雪上加霜，男生早就想逃脱这个牢笼，初中还没上完就去天津打工了。

兜里只有300块钱的他，来到了天津这个完全陌生的城

市，只能一边吃泡面、睡车站，一边四处找工作。

年纪太小，没人敢要。几经辗转，男生最终被一家不是很正规的KTV聘用为服务员。有了收入，有了盼头，刚开始他挺开心的。然而，没过多久他就遭到了各种恶意的侮辱和恐吓。不得已，他只好选择逃回了老家。

回到县城后，他在当地的工地上当起了小工。整天汗流浃背做着苦力，赚着微薄的薪酬，皮肤被太阳晒得钻心的疼。伯父实在看不下去，给他重新找了份工作，又给他介绍了一个农村的姑娘，让他结了婚。

让他没想到的是，这个梦想着一夜暴富的女孩，在嫁给他后，竟然怂恿他借钱炒股，结果全部赔了进去。之后，她竟然跟着其他男人跑了。

摆在男生面前的，是一段幻灭的婚姻和30多万元的债务。

女孩跑了，少不了村里人的风言风语，母亲更是一病不起。男生整日守在床前，以泪洗面，觉得天都要塌下来了。

男生几次投河，都被好心的村民救了上来。如果不是村里人带他一起做矾石生意，他绝不会有后来的美满。

那会儿，市里兴建药材市场，村里原本不起眼的矾石资源被政府看中，不少村里人都靠矾石生意富足起来。

后来，男生终于把债务还清，还因为生意结缘，认识了现在的另一半。

有人对他说："你可真行啊，要是换作是我，这辈子早就放弃了。"

男生只是淡淡地回了句："我这一辈子啊，只有更坏没有最坏了，大风大浪我都挺过来了，还有什么过不去的！"

法国思想家罗曼·罗兰说："世界上只有一种真正的英雄主义，就是在认清生活真相之后仍然热爱生活。"

是啊，熬过那么多暗无天日的黑夜，如今的他，已然练就了一身刚强之躯。更珍贵的是，他有了一颗坚强的心。

02 >>>>

电影《这个杀手不太冷》里，女孩玛蒂尔达问老杀手莱昂："人生总是这么苦，还是只有童年苦？"

莱昂的回答是："总是这么苦。"

也许人生来就是苦的。有的人活在蜜罐里，不过是为了躲避苦涩的侵蚀。而大多数人都漂泊在漫无边际的苦海里，惶惶不可终日。

朋友苏可曾跟我说起他的过去。

24岁那年，苏可带着1000多块钱来到了上海。几经辗转找到了工作，月薪不过才1500元，还要支付每个月600块钱的房租。

为了生存，苏可拼了命地赚钱，凌晨3点还在做兼职。半夜食物中毒呕吐得厉害，却因为怕花钱没敢打120。

25岁，家里破产，欠下40万元的巨债。他的月薪已经4500元，但他住的是无法直起腰来，两个人一间的阁楼房。40℃的夏天，他不舍得开空调，甚至连蚊香都要掰成好几段。为了省钱，他一年没有添新衣，每天都只吃7块钱的盒饭。

到了26岁，苏可的工资达到了每个月8000元。他有能力帮家里还钱了，还谈了女友，却还是穿着3年前买的衣服，每天加班到晚上9点，蹭公司的工作餐。

一直以来，苏可对家里都是报喜不报忧，朋友圈也从来只发快乐的人和事。记得他曾说，最快乐的事情，就是努力攒钱，想象着给女友买钻戒求婚。哪怕再苦，一想到生活还有奔头，身上就有无穷的干劲。

有一次聊天，我突然冒出了一句："苏可你是不是都不会哭的？"

我有担心这样问会有些冒失，可他倒是很愉快地回了句："我哪有时间哭啊。"

是啊，如他一样，连吃个卤鸡爪都要拍张照片发朋友圈炫耀，还不忘附上一句"今天这个鸡爪真好吃，老天爷其实对我还不错"的人，还会在意什么糟心的事情呢？

可生活还是跟他开了个大玩笑。

就在苏可28岁跳槽进了新公司，月薪16000元，买了房子，还结了婚有了宝宝后，却被查出患了肝癌。

为了不让家人担心，苏可仍然和老婆孩子正常视频，聊天开玩笑，每个月照常回家一次，每周却独自一人偷偷去化疗。化疗很痛，人衰老得很快，头发也大把大把地往下掉。他总是跟老婆开玩笑说，头发变少是因为加班；对爸妈说，白头发不过是打游戏累的。

为了营造平安无事的气氛，他依然只发最好的事情到朋友圈，把最好的状态呈献给别人。他只想多赚点钱，更多地留给老婆孩子和父母。

看着他在朋友圈里和同事聚餐，去海边旅游，买了新衣和跑鞋，我也丝毫未察觉出什么异样。直到有一天为他庆祝生日，他才鼓起勇气告诉了我们这一切。觥筹交错中，我们都湿了眼眶。

那晚，我们都给了他一个拥抱。我们想用这种无声却最温暖的方式，给他一点慰藉。而事实上，他并没有我们想象中那般脆弱。他的话让所有人再度落泪："对我来说，从来都没有觉得什么是最艰难和痛苦的日子，人生本是一场旅行，也许，对我来说，只是比父母和孩子早下了几站而已。"

几米说："有时候你以为天要塌下来了，其实是自己站歪了。"坚强如苏可，在经历一段艰难困苦的岁月之后，再也没有什么可以轻易击垮他，哪怕是死亡。

03 >>>>

另一个朋友也有过对抗死神的经历。

就在2018年的5月，她体检时被查出甲状腺癌，被迫辞去了工作，从高级主管变成了一个一穷二白的失业者。

一次大出血，她被紧急送往医院，情况进一步恶化，她又被查出了子宫异常出血导致的中度贫血。因此，身体不断恶化的她，留院观察了很久，每天都少不了吊盐水，注射止血药。

贫血导致她不住地眩晕。最严重的那段时间里，她无法站起来，生活也无法自理。有好心的护士给她送饭，她都没有力气拿筷子。

有一次，她一个人去排队，眩晕到无法站立，只好紧紧地抓着旁边的桌子。好不容易到她了，却因为医生写的配药不清楚，还要跑到12楼重新确认。她上去又下来的每一步都非常艰难，身体严重虚脱，甚至手里的液体都无法挂到输液架上。

她没有告诉父母，毕竟他们年纪都大了。她也不想麻烦朋友，毕竟请假一天就要扣一天的工资。就连最想告诉的那个人，她也一直隐瞒着。

她说，没有人陪她的时候，她只能靠自己死撑。没有人为她遮风挡雨，那么她就要成为自己的铠甲。

她还说："我不知道什么时候才能熬到头，可我坚信一定能。我之所以这么挣扎，是为了越过这个坎，看看大难不死会有怎样的后福。"

如果换作别人，或许早就在诊断出癌症的那一刻崩塌了，眼下无望，前途渺茫，哪还会有对抗命运的勇气?

人生固然残酷，但依旧充满着希望。纵然人生残酷，也要拼尽全力，来一次华丽的逆袭。

04 >>>>

你见过独臂小哥顶着风雪送快递吗?

我见过。

单手骑车、单手打包、单手揽件，他从饱受质疑成为公司零投诉、零差评的"一把手"。

"别人能做的，我能做，别人不能做的，我照样能做。"

如今，他在这座城市成了家，日子虽苦，可也坚实而温暖。

"命运给你一个较低的起点，是想让你用你的一生去奋斗出一个绝地反击的故事。这个故事关乎独立、关乎梦想、关乎勇气、关乎坚忍。它不是一个水到渠成的童话，没有一点人间疾苦。这个故事是，有志者事竟成，破釜沉舟，百二秦关终属楚。这个故事是，苦心人天不负，卧薪尝胆，三千越甲可吞吴。"北大才女刘媛媛说的这段话特别振奋人心。

只有承受人生的颠沛流离，才能迎来温暖明媚的自己。

从今往后，风生水起要靠自己，即使一败涂地也要学会绝地反击。

命运不公，我们就超越命运，用全部的力气换取一点点光明。

困难只是人生的过路人，会到来，也会消失，我们只需做好心理准备，迎接它的到来。

曾以为走不出的日子，都成了最美的路过

01 >>>>

村上春树的《且听风吟》，有一句话触动人心："曾以为走不出的日子，现在都回不去了。"

人的一生，其实就是一场场告别。和家人告别，和老友告别，和爱人告别，也跟过去的自己告别。即便现在很痛苦，该来的离别还是要来，我们要做的，就是让此时此刻少一些遗憾。

刚毕业那会儿，我就认识了辣椒姑娘。那时，她从一所外国语院校毕业，在一家外资企业做翻译。不管是项目翻译，还是陪同翻译，她都做得游刃有余。

原以为辣椒姑娘会在这个得心应手的岗位干下去，用不

了一年半载就会升职加薪，被公司重用。谁料就在几个月之后，她突然萌生了考研的想法。

同事们都说她蠢，头脑发热，工作那么好还考什么研。

是辞职考试还是边上班边考试？是报培训班还是全靠自己备考？辞职考试，意味着切断了经济来源；报培训班，则意味着有可能还要四处借钱，毕竟报班的开销不是一笔小数目。

思考了许久，她还是选择辞职，决定背水一战。

回忆起考研，她有些感慨地说："原本电脑、咖啡、空调，没事还能和朋友侃大山的时光突然就没了，重新回到学生大军中，每天都有背不完的单词、记不完的概念和刷不完的题。最恐惧的，就是一想到自己放弃了那么多，最后有可能名落孙山，为此，我常常半夜突然哭醒。"

考研本来就不容易，她的压力比一般学生还要大，常常因为熬夜大把大把地掉头发，因为饮食不规律得了胃病，甚至到了厌食的程度。

遗憾的是，她最后没考上。她就像一个经历了一场大型选秀比赛的歌手，为成名投注了太多的筹码，为提名付出了太多的努力，却没有一个导师愿意接纳她。

都说苦心人天不负，但她的努力却没有得到应有的回报。那段时间，她颇受打击，把自己关在出租房里，不吃不喝，谁叫都不开门。家里人都吓坏了，连忙从老家赶过来，劝说了好久，她才走出了出租房。看着她红肿的眼睛，满脸的泪痕，所有人都为之心疼。

庆幸的是，她最终还是坦然接受了这一切。

后来，她又重新就职，去了比之前更好的企业。所有的知识并没有白学，都化作了她工作时的底气。

两个月前，我从辣椒姑娘的微博里得知，她被公司选中，去国外学习，这无形之中预示着她将是公司重点培养的员工。

当我再次提起那次考研落榜时，她有了新的感慨："没有什么是过不去的，起初你以为自己会就此一蹶不振，会一败涂地，而后你试着拍了拍身上的灰尘，抖擞抖擞精神，却发现有一道光始终在你的前面。所以啊，哪有什么永远的失败啊，只要你还有跑下去的决心。"

辣椒姑娘的话，让我想起了莫泊桑的一段格言："生活不可能像你想象的那么好，但也不会像你想象的那么糟。"我觉得人的脆弱和坚强都超乎自己的想象。有时，我可能脆弱得一句话就泪流满面；有时，也发现自己咬着牙走了很长的路。

为了那个曾让你半夜哭醒的梦，你也走了很远的路吧？

02 >>>>

说起我自己，我曾在一家大型的广告公司上班，从开始的拉赞助、订场地、策划方案、采购，到设计邀请函、写主持人串词、邀请媒体、安排群访，再到搭建会场、安排会场音乐、摄影、速记、跟进现场流程，最终盯着撤展、发稿、落地回收，连续好几个月，都是我一个人操持发布会。

从发布会开始的前一个月，我就处于高度紧张的状态，神经一直紧绷着，不敢有任何懈怠。

一个专业技能扎实的老员工都不一定可以完成的任务量，我硬是一手揽了过来，并乐此不疲。

有一个要好的朋友看到我在朋友圈发了一张加班到凌晨的照片，问我为什么这么拼，我非常中肯地回复道："我们都已经长大，总要担负起一个家庭的责任。一想到妈妈粗糙的双手和佝偻的背影，还有爸爸霜白的头发和日渐严重的关节炎，我就寝食难安。即使天塌了，我也不能倒下，家人还需要我，我要挺下去，为家人扛起一片天。"

我们为什么要咬牙坚持？那是因为，我们的背后还有父母渴望的眼神。

03 >>>>

初中的一个暑假，父亲突然晕倒，我和母亲几乎是一路哭着把父亲送进了医院。好在，父亲只是低血糖，最后病情得以控制。

一次有惊无险，让我成熟了不少，我觉得自己要为家庭分一点重担。

朋友长青有将近一年的时间都处于抑郁中，甚至不止一次地想过轻生。"我受够了"四个字，是那时她常常挂在嘴边的一句话。

刚认识长青那会儿，她可是大家的开心果啊。有她在，就不怕冷场，一个笑话就可以让人笑得前仰后合。

可如今，她无数次爬到楼顶，不断地问自己："是跳下去，还是活下去？"

跳下去似乎解脱了，留给家人的，却是无尽的悲痛。活下去似乎看不到希望，却还是想看看走出抑郁之后，到底会不会有所改变。

于是，长青又一次次走下楼顶，就像一切都没有发生过一样。

对于大部分人来说，在那段走不出的日子里，也就是咬牙死撑吧。走下去的话，还有无数个可能，如果放弃的话，就什么都没有了。

后来，她爱上了写作，记录下所有令自己开心的事情，把所有痛苦当作一种命运的玩笑。就像美国专栏作家珍妮·罗森那样，把生活里的乐趣，用一种幽默而真诚的方式讲述出来，一切都在慢慢变好。

受够了，不能再比现在更难过了，那就咧嘴笑笑吧。

04 >>>>

《奇葩说》第四季最后一期，罗振宇提到了"成长"这一话题，大意就是每个人都会在成长过程中遭遇困境，甚至整个人被击得粉碎。

有的人，把原来讨厌的东西扔掉，选择原地自我重建。而有的人，捡起那些把我们击碎的东西，选择放回自己的身体里重建。

所谓"成长"，往往是第二种。

所以啊，比起坚持，放弃永远是最简单的事情。

既然在平坦的道路上飞奔过，就不要在坎坷的途中抱怨太多。我们难免会被击碎，可只要愿意接纳所有的不幸，终究会站起来。

布罗茨基在《悲伤与理智》中说："尝试去拥抱苦闷和痛苦，或是被苦闷和痛苦所拥抱。毫无疑问，你们在拥抱时会感到胸闷，但你们要竭尽所能地坚持，一次比一次持久。你们要永远记住，这个世界上的任何一次拥抱都将以松手告终。"

黑的夜啊，熬着熬着就亮了。有些路啊，走着走着就走出来了。

05 >>>>

曾有个朋友向我倾诉："现在太穷太苦了，不知道什么时候才能熬过去。"

我安慰她说："要珍惜现在又穷又苦的时光啊，或许以后不穷不苦了，再也没有机会体会到现在的心境了。"

此时此刻，就是独一无二的存在，不管是欣喜还是伤悲。要珍惜当下，或许某一年某一天，你再想体会现在的心境，都不会再有。

不尽如人意，并不是一件坏事。

看哪，曾以为走不出的那些日子，现在都回不去了。

珍妮·罗森在《高兴死了》里说："更光明的日子正要到来，更清晰的未来正要出现，而你也会在那里。"要相信，所有的苦最终都会渗出甘甜，所有的风雨都会变成碧海蓝天。

为什么"放弃"两个字有15个笔画，而"坚持"有16个笔画呢？那是因为，坚持比放弃多一点，一切就会变得不一样。

真正的长大，是将哭声调成静音

01 >>>>

一次闲聊，我问同事娜姐："一个人是从什么时候开始，才发现自己已经长大了的？"

娜姐思考了几秒，回答道："就在即使受了委屈也会不露声色，再难过也会保持笑容的那一刻。"

原来，我们都已经长大，不再是因为有家人庇护而毫无顾忌的孩子了。

那一天，娜姐和我说起她的过去。毕业那年，娜姐在一家公司做文案策划。因为她有相关工作经验，再加上她为人低调和不错的人缘，公司上下都很看好她。

某天下班，娜姐和闺密一起逛街，却发现男友劈腿了。

说到这，娜姐沉默了好久，我试探性地问："那后来呢？"

娜姐半晌才开口："后来，我找他理论，再后来我们分手了。为了陪他，我辞掉了在杭州的工作，真没想到，人心变得太快了……"

娜姐强忍住泪水，接着说："就在那个晚上，老板再一次打来电话让我去加班，我告诉自己，一定要控制好情绪，不许再哭，可就在我整个人昏天黑地的时候，家里又打来电话，说我爸突然摔倒，被医院诊断为脑血栓。那种感觉，真的是对这个世界没有眷恋了，我趴在桌子上号啕大哭……"

工作上的巨大压力、家人的安危、破碎的恋情，都像大山一样压得她喘不过气。她除了哭，真不知道该怎么面对这一切。

家人劝娜姐不要回来，在公司好好工作，可她整天在泪水里度过。后来，公司特地为她安排了休假，却迟迟不让她上班，最后工作也不了了之了。

从那以后，娜姐再也没有在人前哭过。即使忍不住，也会跑到一个无人的角落大哭一场。哭完了，就擦干眼泪，洗把脸，不让任何人察觉到自己的泪痕。

娜姐说："这些年，我们都在不露声色的同时长大了。即使天崩地裂，我们也要在人群之中做一个超人。"

02 >>>>

悟空问答里有一个热门话题：明明过得不好，却要骗父母过得很好是一种什么样的体验？

其中有一个回答让人泪目：

"我在2010年患了肾病综合征。因为这个病，妈妈一夜之间头发掉光了。这个病非常缠人，最有效的治疗方法就是吃激素。激素的副作用很大，尤其是生育方面，只要代谢不出去就要不了孩子。

"从2010年到现在，我的病情复发了三次。每次都是我自己住院，自己照顾自己，不敢跟父母说，就是怕他们担心。赶上晚上，回家跟爸妈视频，就说最近工作很忙，也总加班，而实际上是每天奔波在家和医院之间。

"2014年元旦病情复发的时候，正巧我妈妈从农村来我家里看我。每天我都要装作去上班，然后去图书馆坐一天，下班时间再回来，我怕我不上班她会发觉我的病复发了，就这么瞒着她。"

03 >>>>

无独有偶，还有一个引人共鸣的回答是："我是怀孕的时候失业的，那个时候不想让爸妈操心，就一直骗他们我还在上班。

"为了让他们相信我还在上班，我每天都按照上下班的时间出门，然后就到附近的商场去坐着，这样的情况一直持续到孩子10个月。我找到了新的工作，才敢告诉爸妈，也只是告诉他们我换了一份更好的工作。"

为了不让父母担心，长大后，我们都变成了一个爱说谎话的孩子。

以前，我们总爱在父母面前说自己没钱了，而如今我们长大了，却总说自己还有钱。以前，我们总爱买东西价格往高了报，而如今我们长大了，为父母买再贵的东西也总说花不了几个钱。以前，我们受了欺负总爱躲在父母怀里，而如今我们长大了，受再大的委屈和责难，也只会默默承受，还假装轻松地在父母面前保持笑容。

这就是长大，一个把哭声调成静音的过程。

04 >>>>

在2018年戛纳广告节上，泰国励志短片《打不倒的小女孩》（Tiny Doll）荣获健康狮金奖。

短片讲述了一个娇小柔弱的女孩，常常被同学们欺凌，最后战胜自卑，摘取MMA（综合格斗）桂冠的故事。

种种欺凌没有让她一蹶不振，而是渐渐激发了她的斗志："我意识到我并没有那么脆弱，我可以变得更强。"

后来，女孩用综合格斗来保护自己不受欺负，同时让自己变得更加坚强。在这条无比残酷，甚至有些残忍的道路上，她见过太多的强者，也渐渐战胜了内心的恐惧："尽管我觉得累，但我还是始终坚持着，如果想成为冠军，就必须为之奋斗。"

片子的最后，已是MMA冠军的她，从镜子里看到了当时受尽欺凌的自己。最大的敌人是谁呢？原来，是那个曾经不够坚强，一受委屈就哭鼻子的自己啊。

小时候，我们爱哭也爱笑，甚至喜欢在公众面前展露自己的情绪，唯恐别人不知道。长大后，我们开始变得不露声色，把所有的情绪都隐藏在别人看不到的地方，然后一个人默默地扛下这一切。

太宰治在《人间失格》里说过："在所谓的人世间摸爬滚打至今，我唯一愿意视为真理的就只有这一句话：一切都会过去的。"

为什么"放弃"两个字有15个笔画，而"坚持"有16个呢？

那是因为，坚持比放弃多一点，一切就会变得不一样。

我们还年轻，不要轻易向这个世界
投降。即使生活给了我们一地鸡毛，我们
也要把它扎成漂亮的鸡毛掸子。

你还年轻，不要轻易向这个世界投降

01 >>>>

好朋友明月曾跟我说起她北漂时的故事。

刚满18岁的时候，她就来到了北京，因为没有学历，再
加上没有一技之长，找工作吃了不少的苦头。

没有去处，她只好在一家服装店当了导购员。老板看她
初来乍到，一副不谙世事的样子，一个月只愿意支付她1800块
钱，可她还是答应了。

把卡里的钱全都取出来，交完3个月的房租，口袋里只剩
下500块钱。

于是，她靠着仅剩的500块钱艰难度日。白天勤勤恳恳地
上班，下班后还忙着整理店铺、打扫卫生，甚至还给老板一

家做饭洗衣服。

这样付出并没有让老板产生半点怜悯，相反，到了发工资的时候，老板还故意克扣她的工资，说她普通话说得不够好，不懂得取悦顾客。

她一气之下，就离开了那家服装店。

她心有不甘，难道没有文凭，就无法在这个城市立足吗？家人怕她吃苦受累，苦口婆心地劝她回家工作，她说自己已经找到工作了，而且过得还不错。可是只有她自己知道，为了填饱肚子，她都快要筋疲力尽了。

没过多久，她再次踏上了求职的道路。第一次被通知去面试，她满心欢喜，还背了不少面试时的常用话语，可还是被淘汰了。没有文凭、没有经验，接二连三的闭门羹让她一次次泪崩。

有一次，她蹲在路边痛哭，泪水就像开了闸的洪水，让所有路人都看傻了。一个外卖小哥走到她的身边，拍了拍她的肩膀，抽出一张纸巾递给她："别哭了，没有什么是过不去的，一切都会好起来的。"

她缓缓地抬起头看着他，只见他皮肤被晒得黝黑，脸上的汗水都顾不上擦，正满脸善意地看着她。

那一刻，原本已经有些绝望的心，瞬间又重新燃起了斗志。是啊，这世上有谁的生活是一帆风顺、一劳永逸的呢？有的人拼尽全力，换来的不过是一个普通人的一生。可这世界也并没有想象中的那么绝情，只要不放弃希望，一点一点地努力争取，总有一道曙光会照亮前方。

明月觉得自己一下子就想通了，明明她还那么年轻，干吗急着向这个世界投降？

02 >>>>

回望过去，我也有过漂泊的经历。

有一年冬天，我在一个朋友的推荐下，去了内蒙古赤峰市，在当地一家非常有名的影视公司做文案。

在一个陌生的城市生活，一切都是新鲜的。我开始习惯那里的饮食和文化，还交了不少当地的朋友。

原以为我会一直工作到寒假，再满心欢喜地买上一大包特产回家过年。不料，就在工作的第三个星期，我就被公司辞退了。

被辞退，其实事出有因。专门负责公司网站的一个实习女生比较马虎，在上传活动新闻的时候，不是把人名打错了，就是把图片和人名搞混了，于是，公司常常接到投诉电话。

没过多久，公司就召开了紧急会议，进行新一轮的整顿和裁员，这其中就包括刚入职不久，还没来得及展示能力的我。即使，我当时很想留下来。

从满心欢喜地入职，到万分不舍地离开，那种感觉，就仿佛从云端跌入了谷底。

我从员工宿舍里搬了出来，临走时还拍了几张照片，强忍着泪水不要流下来。一直以来，我都是一个特别怀旧的人，虽然在那里待的时间并不长，可在那里，我看过最美的雪景，和同事一起吃过最好吃的火锅。

同事一边帮我拎行李，一边不住地安慰我，我只有故作坚强地保持着微笑，眼泪却在眼眶里打着转。回想那一年，我经历过太多的突如其来。临近年关，我的去处又没了着落。

打开手机通讯录，我打给了远在四川的木槿姐。

木槿姐是一家图书公司的主编，我常常找她倾诉。

打电话时，我还是忍不住哭了。她一边听着我的倾诉，一边想办法帮我渡过难关。

思索良久，我决定留在赤峰。白天写稿投给一些平台，晚上帮木槿姐打理他们公司的自媒体。

投稿有时会被看中，赚一些或多或少的稿酬。有时石沉大海，连个水花都没有。打理公众号的报酬不多，我却很欣慰。

我这人比较倔，不管多难，都不想依靠家人，只想靠自己的努力去生存。

我从超市买了两箱方便面，把每包方便面都掰成两份，早饭舍不得吃，中午和晚上各吃半包，调料只放一部分，剩余的泡水当汤喝。

后来，我写的文章被不少平台看中，一些大平台也陆续向我约稿。因为对自媒体有了一定的运营经验，我又从网上接了几个公众号，简陋的出租房一下子变成了一个工作室。虽然从始至终，只有我一个人。

我想起法国思想家狄德罗曾经说过这么一句话："忍受孤寂，或许比忍受贫困需要更大的毅力。"

一语中的。

那个冬天，我把这种忍受变成了享受，而且在我最落魄的时刻，实现了突围。

我们还年轻，不要轻易向这个世界投降。即使生活给了我们一地鸡毛，我们也要把它扎成漂亮的鸡毛掸子。

03 >>>>

张佳玮在《关于这个世界，你不快乐什么》中写道："每个优秀的人，都有一段沉默的时光。那一段时光，是付出了很多努力，忍受孤独和寂寞，不抱怨不诉苦，日后说起时，连自己都能被感动的日子。"

或许，你的生活充满着各种不如意，被漠视、被拒绝、被欺骗、被抛弃，彷徨挣扎中，你也曾想过放弃，想过认命，可那是每个人都要经历的苦难啊。谁不曾在深夜痛苦地买醉，谁不曾在人群里强颜欢笑，谁又不曾在阴暗的角落里抱紧自己，谁又不曾在无奈的现实面前痛哭流涕？

有一个玩了7年滑板的朋友，对我说过一段耐人寻味的话："每一个玩滑板的人都摔过吧，在没有人的地方摔倒了，爬起来揉一揉继续滑。在人多的地方摔倒了丢人吗？丢人，但是无所谓啊，因为这就是滑板啊。人生不也一样吗？压力总是时时刻刻地伴随着你，就好像某件事情你没有干好，没有关系啊，吸取经验，不过是从头再来。"

这个世界从来都不会辜负每一个努力的人。在胜利没有降临之前，请不要轻易向这个世界投降。

张爱玲曾说过："在人生的路上，有一条路每个人都非走不可，那就是年轻时候的弯路。不摔跟头，不碰壁，不碰个头破血流，怎能炼出钢筋铁骨，怎能长大呢？"

是啊，我们总会在跌跌撞撞中长大。在困厄潦倒之际，千万不要输掉自己，振作起来比一切都强。

仔细想来，工作和爱情也有相同之处啊，当你苦苦寻觅的时候，它似乎有意躲开你的怀抱，而当你静下心来，沉淀自己，那人却在灯火阑珊处翘首以盼。

再撑一撑，如此而已

01 >>>>

有的朋友，虽然好久没有聊天，但只要一句"在吗"就会立马出现。

艳伟就是其中之一。

几个月前，我和艳伟计划去喜马拉雅山脉那端的尼泊尔支教，签证都已经办好，可还是没能如愿。

艳伟接了一个"大活"——担任起了支付宝旗下一款新产品的区域主管。当我得知这个好消息的时候，庆贺之余还有种莫名的感伤。

看着她朋友圈里搞团聚、吃大餐、飞来飞去以及一边工作一边旅行的照片，我除了羡慕，无以言表。

人和人之间总有一种说不清道不明的隔阂或距离，我暂且称之为差距。在所有朋友当中，艳伟是我见过的最敢拼、敢闯的姑娘，从记者到企划一路走来，不说有多么大的成绩，却过得相当充实。

突然有一天，她字字铿锵地对我说："新阳，我决定以后要当一个商人了，而且再也不要为别人打工了。"我的心为之一紧，半天都没有说出一句话。

我是个不善言辞的人，话在心里，有的很快就消化了，有的却堵在了心口，似乎永远都沉不下去。

或许，像我这样的人都比较多愁善感吧。我在南方的一座小城继续苦熬，而她已在北方拥有了属于自己的事业。在我的心底，仿佛能看到两条曲线，一条疾速上升，一条迅速下滑。相比于艳伟，我属于后边这一条。

不过几个月的时间，艳伟注册了自己的公司，创建了一个拥有好几十人的团队。在他们势如破竹的攻势下，好几个城市都被他们插上了胜利的红旗。

艳伟常问我最近在忙什么，我在输入框里打了又打，删了又删，最后还是用一个微笑的表情加一句半开玩笑的"没忙什么啊，跟以前一样呗"来回复她。不知从什么时候开始，我变得沉默，不再嬉笑怒骂，不再一有情绪就找人宣泄，我把所有的思绪都小心翼翼地遮掩起来，生怕让任何人察觉。

那种感觉，无疑是孤独的。与这个世界格格不入，也无法说服自己合群，忙的时候只想以最快的速度完成，空下来的时候多半留给了发呆。我说不出这是平淡期还是瓶颈期，只是觉得，除了写作时，其他时间都有些黯然失色。

对自己越是不满，对外界的种种越是渴望。这或许也是不够合拍的恋人，总是拿别的恋人来对比的缘由吧。

就在前不久的一个晚上，我从艳伟的朋友圈里看到了她上楼时摔倒的消息，我的心为之一紧。劳累过度、压力太大，再加上作息不规律，她有了低血糖的症状。

所有的画面都在一瞬间浮现。为了更快发展，她要带团队，跑市场，一人身兼多职。为了节省时间，不是在路上解决午饭，就是饿肚子。蹬着高跟鞋一忙就是一天，忙完之后已是深夜，累到倒在床上立马睡去。

还记得艳伟跟我说过，有一天下午要主持，上午太忙，只有牺牲午餐时间来化妆，化妆的姐姐看她可怜，一边帮她化妆一边把从家里带来的饼干给她吃。那一刻，她真的很想哭。有人问她，干吗把自己搞那么累？休息两天，公司又不会倒闭。大吃一顿，又不会马上长几斤肉。她只是淡淡地说，我还在起步阶段，根本就没有任性的资本。

原来，光鲜亮丽的背后，是坚持和苦熬。想要更大的成就，就要付出比别人更多的努力。

别无他法。

有时候感觉快要崩溃，快要撑不下去，那是因为你没有多走一步。

02 >>>>

好友苏曼刚来到苏州那会儿，在网上投了简历，也跑了不少人才市场，却一直没有遇到合适的工作。

眼看身上的钱就要花完了，苏曼从网上看到了一条消息：招聘话务员，一天工作8小时，薪资保底150元。

苏曼眼前一亮，第一时间报了名。对方很快就通知她来公司面试。

让人没想到的是，她花了将近一个小时转公交车，才来到公司楼下，却只花了10分钟就匆匆地离开了。她的确找到了那家公司，远远地就听到一屋子人都在打电话，嘈杂之间还掺杂着无望和无奈的叹息。难道自己要天天守在这里打电话吗？难道要被人骂得狗血淋头还要硬着头皮推销吗？如果不是自己喜欢的工作，薪资再高，也是一种折磨。

再过一条街就是地铁口，短短几百米的距离，被无限地拉长。走在路上，她心疼转公交车花掉的4块钱。

要应聘下一个服装模特的工作吗？工资虽然也高，可她心里有数，有些工作并不能一厢情愿。

我和苏曼也是在一次商场活动时认识的，那时她还是商场招聘的兼职人员。后来，在我的引荐下，她在我一个朋友的公司里谋得了人事助理的职位。

蓦然回首，所有的等待都是值得的，那些独自一人走过的黑夜也是你日后最值得拿来津津乐道的故事。

仔细想来，工作和爱情也有相同之处啊，当你苦苦寻觅的时候，它似乎有意躲开你的怀抱，而当你静下心来，沉淀自己，那人却在灯火阑珊处翘首以盼。

它总会来，而你要努力，也要试着去等待。

PART 3
—— 想要存在感，
—— 就要把自己活成爆款 ——

如果对喜欢的事情，没有办法放弃，那就要更努力地让别人看到自己的存在。

我们都希望拥有好看的皮囊，兼有有趣的灵魂，如果两者不可兼得，那请你一定要有一个有趣的灵魂。

世界无趣，你要活得有趣

01 >>>>

英国著名作家和艺术家奥斯卡·王尔德说："这个世界上好看的脸蛋太多，而有趣的灵魂太少。"愈加匆忙的脚步中，日渐麻木的灵魂里，"如何活得有趣"这一话题似乎成了永恒的主题。

那么，问题来了，什么样的人生才算有趣呢？

在我看来，"有趣"一词，意味着一个人对个性和异己的尊重，意味着对世间万物的包容，并在尊重和包容的基础上发掘对事情新的看法和态度。总的来说，"有趣"在于"新"，而不是一味地抱守世俗和陈旧。

一个浮夸的男人走进一家酒店，衣着奢侈，轿跑出行，走到哪都在张扬和炫耀。而一个真正有趣的男人，会懂得如何耐心地养好一盆花，养活一条鱼，煮上一碗粥，为家人带来快乐和笑容。

有趣，远胜于一切浮夸。

知乎上有一个很火的帖子："如何做一个有趣的人？"其中获赞最多的答主是一个在欧洲游学的学生。

她说，这两年在欧洲，遇到了太多有趣的灵魂。

她认识一个朋友，父亲是考古学家，所以他的童年，少则几个月多则一两年就会搬去另一个国家。于是，他在很小的时候，就游遍了五大洲。他的童年回忆就是不停地和别人告别，留下的照片和视频，足够他回味一辈子。

其实，更吸引我的，是答主的自身经历。比如说，她曾在挪威北部的小岛滑雪橇，因为哈士奇过于活跃，好几次翻车险些丧命。她曾经在哥本哈根跨年的晚上，和各个国家的人在马路边喝得微醉，看着烟花，拥抱每一个路过的人并说新年快乐。她曾在梵蒂冈的西斯廷教堂，仰头看着米开朗基罗的壁画——《最后的审判》《创造亚当》，然后第一次被艺术感动，眼泪哗啦啦地往下流。她曾经为了看北极光，和朋友爬到一个雪山的山顶，等待了几个小时，差点把自己冻僵。

想一想，既可以朝九晚五，又可以浪迹天涯，不也是我们梦寐以求的生活吗？这个世界总会有人过着我们想要的生活，如果人生真的不能从头再来，有多少人会选择为自己而活？

在这个世界上，绝大多数人都在日复一日、年复一年地重复着平淡无奇、波澜不惊的生活，最大的原因就在于他们安于现状，始终没有尝试的勇气。

既然输不起，当然也得不到。

02 >>>>

王小波曾说过："一辈子很长，要找个有趣的人在一起。"有趣的人不一定读过万卷书，但他的内心一定是丰盈的。有趣的人不一定行过万里路，但他的脚步一定从未停止。

有趣的人，会像太阳一样，驱散着阴霾，传递着快乐。这个社会，最缺乏的往往不是表面的浮华，而是内心的底蕴。

网剧《余罪》里有一句经典台词："我余罪缺什么，都不缺从头再来的勇气。"

毋庸置疑的是，这是一个有趣的灵魂，到哪都可以一呼百应，到哪都会有人觉得，这人的确正义感爆棚。

近几年网上流行一句话："好看的皮囊千篇一律，有趣的灵魂万里挑一。"

皮囊固然重要，可灵魂一旦有趣起来，远比空无一物的皮囊要珍贵得多。

我们都希望拥有好看的皮囊，兼有有趣的灵魂。如果两者不可兼得，那请你一定要有一个有趣的灵魂。

03 >>>>

前不久，我再次观看了《美丽人生》，这部拍摄于20世纪90年代，至今仍然好评如潮的电影，除了对战争的控诉，更引人注目的是它蕴含的哲学深意。

由罗伯托·贝尼尼饰演的犹太青年圭多，对美丽的女教师多拉一见钟情。于是，一句"早安，公主"成了圭多最常说起的口头语。

有趣的人总会发现世间的美好。圭多会把任何事情看作天赐，对任何事情充满热情，对所有人报以微笑，对所有欣赏者表示敬意。

可是好景不长，法西斯政权下，圭多和他的儿子被强行送往犹太人集中营。已成圭多妻子的多拉虽没有犹太血统却毅然同行，与丈夫儿子分开关押在一个集中营里。

最让人动容的情景莫过于此。

聪明乐观的圭多哄骗儿子这只是一场游戏，游戏的奖品是一辆大坦克。有一次，儿子好奇地问他，为什么商店门口写着"犹太人与狗不得入内？"圭多回答道："也许因为他们不喜欢犹太人和狗，就像我不喜欢野蛮人，我们明天就在我们小书店窗户上写'野蛮人与蜘蛛不得入内'，因为你讨厌蜘蛛。"

虽然条件异常艰苦，圭多仍然不忘给周围的人带来快乐，还趁机在纳粹的广播里问候妻子："早安，公主！"

有一篇影评引起无数人共鸣："就算在最艰难最黑暗的日子里，就算了无希望，死亡近在眼前，他依然深爱着并用生命与智慧保护着他的妻子与儿子。他的勇气与智慧，即使在战争的硝烟弥漫中，即使在集中营的暗无天日中，即使在最后枪声响起死亡来临的那一刻，依然闪现着耀眼夺目的光芒。"

也许，这就是有趣的灵魂之于黑暗、之于绝境、之于命运最好的礼赞。

04 >>>>

至今，我还能够回忆起刚上大学那会儿被学生会面试的情形。

面试前，我和其他同学一样忐忑，都在琢磨着面试可能提到的问题。我把所有可能遇到的提问一一列举，并把答案熟记于心，以为这样就可以滴水不漏。

可让我始料未及的是，当我战战兢兢地走上讲台，首先被问到的问题竟然是："如果你加入这个组织后，发现一切并不是你想的那样有趣，一切都比较繁琐，甚至有些无聊透顶，那你会不会后悔？"

话音刚落，我就说出了一个让大家眼前一亮的答案："我觉得没有什么是无聊的，只要你愿意让一切变得更有趣。"

后来，我顺利地加入了学生会，认识了不少志趣相投的朋友，策划了不少有意义的活动，也获得了不少荣誉。事实证明，想要变得有趣，可发挥的空间远远地超过了我的想象。关键在于，你是否愿意去改变。

百无聊赖的人总觉得时间无处消磨，有趣的人总觉得一天24小时不够用。这或许就是灵魂是否有趣的差异吧。

精神上的无处可栖，才是最可怕的魔怔。这种魔怔，会麻痹我们的斗志、吞噬我们的想象力，滋生出一种叫作得过且过的东西。

人生本是一场充满新奇的旅途，本就没有那么多无聊的时日可以去虚度啊。

所以呢，阅尽世界万种风情，别活得无聊透顶。

那些折磨你的，往往不是某个人或某件事，而是你自己的内心。学会和自己和解的人，懂得随时清零的人，往往活得都比较精致。

活得精致的人，都有随时清零的能力

01 >>>>

在所有同事当中，我最钦佩的就是娜姐。

娜姐谈过好几次无疾而终的恋爱，也遭遇过不少人生的起起落落，可我从未见过她有不开心的时刻。

娜姐和我们一样，从懵懵懂懂的校园里走出来，求职时四处碰壁，接连好几个月都在变换着工作，好不容易找到一家愿意接纳她的公司，却因为小人排挤离开了。

独自一人在城市里生存已是不易，还要省吃俭用为家里排忧解难，应付各种突如其来的遭遇。

想要顺风顺水，还真不是随口一说。

有一次，我负责收集一些反馈信息，其他人的都收集好了，就差娜姐一个人的了。

当我问起娜姐的时候，她说："我之前还真有不少反馈信息，除了建议，更多的是投诉。为了方便整理，我还列成了表格，可后来都被我删掉了。"

我问她为什么，她说了一段耐人寻味的话："那些看起来并不让人愉快的东西，我不会保留太久。舍弃一些东西，才会装进新的东西，要是一直念着过去不放，反而会步履维艰。"

娜姐的话，让我想起朋友圈疯传的一句话："人的心灵就像一个容器，时间长了里面难免会有沉渣，隔段时间刷新自己一次，才会让自己更幸福。"

当初的不愉快，没有必要留到现在，就像曾经买过的假货，受过的骗，被拒绝的瞬间，如今看来，都不值得留恋了。日子一天一天地过去，我们总要学会随时清零，轻装上阵。

接受某些过往云烟，看淡某些人的渐行渐远，才可以活得精致。

02 >>>>

有一次，我深夜加班，电脑突然死机了。

那是我和另一个同事向南共同策划的文案，要赶在第二天早上递交上去。

我看了看表，已是晚上11点，加班那么久，眼看就要完成了，电脑却在关键时刻突然蓝屏。向南见了，忍不住在一旁捶胸顿足。

死机还能怎么办呢？捶胸顿足也没用，要想完成任务，唯一的途径就是从头再来。

我一边安慰着向南不要激动，一边重启电脑，顺着思路把原来用到的资料再搜集出来。

因为有过前车之鉴，我每做一步就保存一次。因为这是第二遍，速度比之前快，效果也比之前更好了。

那晚，我和向南都没有回家，赶在破晓之前，终于把策划案整理了出来。

向南问我为什么会那么淡定，那么能沉得住气，我说："死机的那一刻，我就决定睡在公司了。因为我知道，再怎么抱怨都没有用，总不能因为电脑死机就辞职不干了吧，我们总要习惯随时清零，从头再来。"

饱受27年监狱之苦的黑人领袖曼德拉，在刑满释放、就任南非总统之前，有一句至理名言："若不能把悲痛与怨恨留在身后，那么我其实仍在狱中。"

或许，随时清零的能力，才是成就伟业的第一步。

有人说，任何的限制都是从自己内心开始的。对此，我深表赞同。

那些折磨你的，往往不是某个人或某件事，而是你自己的内心。学会和自己和解的人，懂得随时清零的人，往往活得都比较精致。

我们不需要把大把的时间拿来幻想未来应当如何，而应该把所有的等待都用来武装自己。只是为了当有一天遇见对的那个人时，能够理直气壮地说："我知道你很好，但是我也不差。"

变成更好的自己，再去遇见更好的人

01 >>>>

认识一个姑娘，和男友有过6年的恋爱长跑，最终还是分手了。

眼看就要结婚了，为什么会分手？原因是两人长期分处异地，年龄又相差6岁，双方家庭都比较反对，矛盾逐渐不可调和，架越吵越多，终于回不到甜蜜的从前了。

男友不辞而别的那个晚上，她还没来得及见他最后一面。等她察觉的时候，整个人瞬间崩溃。说不难过是骗人的，她整整一夜都没有合眼。

那些天，我真担心她会出什么事，一空下来就给她打电话。说实话，我恨不得放下手头的一切去找她。

从一开始打她手机关机，到打过去响铃，再到她能够开心地和我聊上几十分钟，这整个过程不超过半个月。

听着电话那边银铃般的笑声，我的心才慢慢放下。她的笑声似乎在告诉我，如今回到了一个人的生活，她照样可以过得很好。

后来有一次，我无意间提起了这件伤心事："6年，谈了整整6年啊，最终还是没能在一起。"

她耸了耸肩，撇了撇嘴，一副无关痛痒的样子："讲真的，刚分手的那段时间，我真的好痛苦，感觉天都快塌下来了，吃不下饭、睡不着觉，满脑子都是他的影子，感觉自己像行尸走肉一样，我的魂被他一并带走了。"

我笑嘻嘻地说："那你是怎么把'魂'找回来的？"

说到这，她的眼睛眯成了一条线："我依然没变啊，坚强如我，在消沉了两个星期之后，我发现自己没有想象中的那么脆弱。我开始跑步、健身、护肤，吃好、穿好，努力工作，加油学习。我愿意把更多的时间用在孝敬父母上，与更多良师益友交往。只有变成更好的自己，才有可能再去遇见更好的人呀。"

如今，她真的把自己活成了更好的模样。

是谁妄下定义，"单身"一定是贬义呢？单身明明是一个人最佳的升值期。

单身让自己看清自己，变得更爱自己，从而变得更加充实。此后，再遇到白马王子的时候，能够以最好的姿态好好爱一次。

单身的你啊，大可不必烦恼，要相信那个更好的他，一定在未来等着你。而如今，让自己变得更加优秀，才是最重要的事情。

02 >>>>

大攀是我的大学室友，毕业后，进了北京的一家软件公司工作。

因为长得比较胖，大攀往往是不起眼的那一个。好在工作上有两把刷子，才渐渐在公司里站稳了脚跟。

大攀说，上班不久，他就喜欢上了同部门的一个姑娘，却始终没有勇气去表白。姑娘是南方人，个子不高，却长得十分水灵，再加上多才多艺，追求者自然不在少数。大攀并没有在意那么多，觉得只要默默付出，总有一天，姑娘会被他的真心所打动。

为了获得姑娘的芳心，大攀起早为她买早饭，午后为她买甜点，下雨为她打伞，一有空就找她聊天。

万万没有想到的是，大攀的愿望还是落空了。自始至终，姑娘都没有和大攀恋爱的意愿。在她眼里，大攀不过是一个再普通不过的朋友，从未有过一丁点儿喜欢。后来无意中从姑娘的闺密那里得知,姑娘之所以没看上大攀,还是跟大攀肥胖的体型有关。

从那以后,大攀就开启了一条减肥之路。

天还没亮,大攀就早早地起床,连续跑上半小时,直到大汗淋漓。为了减肥,大攀开始节食,比之前少吃了好多。从未进过健身房的他,一次性办了两年期的会员卡,发誓要跟一身的赘肉做斗争。

看着他在朋友圈里自律且热气腾腾的模样,不少人和我一样为之振奋,因为他踏上了一条魔鬼般的瘦身之路。

大攀说过的一句话让我印象深刻:"在遇到真爱之前,不妨让自己变成与真爱相匹配的模样。"

大攀的努力,不是为了证明给别人看,而是为了遇到更好的自己。

可可·香奈尔说:"与其在意别人的背弃和不善,不如经营自己的尊严和美好。"想想看,爱情有什么公平可言?不过是努力过后的旗鼓相当和势均力敌,而那些尊严和美好,都是要靠自己的努力去争取的。

03 >>>>

《海上钢琴师》的导演朱塞佩·托纳多雷说过:"如果一块表走得不准,那它走的每一秒都是错的。但如果表停了，那它起码每天有两次是对的。"

其实，感情里更需要的，是看清方向。遇到喜欢的人，相比于一味地攀附和哀求，最应该去做的，是把自己打造成更好的人。

有一个旅行过60多个国家的培训师姑娘，说过这样一段话："谈恋爱是先和自己谈，把自己谈高兴了才能和别人谈。在准备把自己交出去之前，先想想单身时的日子，护肤、化妆、健身、美食、学习、旅行，享受生活，这才是一个女孩正确的生活方式，而不是当一个男人出现之后，就立马围着他转。"

还有一位业内有名的服装设计师Linda说："我们这个年代不缺爱情，但缺乏对爱情的耐心。其实那个人，真的晚一点出现更好。你能看清他，也能看清你自己。等到那时或许你会发现，爱情在女人的世界里，只是一个选项而已。

"无论是爱情，还是社会身份，都请多一点耐心，让它们晚一点找到你，因为你首先要找到自己。"

是啊，爱情总会来，更重要的是找到自己，才能成全自己。

不必再为过去的背叛和伤害耿耿于怀，或许就在不久的将来，在你遇到真爱之时，你会感谢那年那人的不嫁或不娶之恩。

我很喜欢这样一段话："我不知道接下来还会遇见怎样的人，但我可以肯定的是，无论对方是怎样的人，他同样也渴望着我优秀、从容、美好。所以我不需要把大把的时间拿来幻想未来应当如何，而应该把所有的等待都用来武装自己。只是为了当有一天遇见他时，能够理直气壮地说：'我知道你很好，但是我也不差。'"

一切，都只为活出一个更好的自己。

从来就没有平白无故的成功与荣耀。比起岁月静好，我更喜欢自己野心勃勃的模样。

比起岁月静好，我更喜欢你野心勃勃的模样

01 >>>>

记得小时候玩过一款飞机游戏，按照游戏规则，飞机要不断歼灭敌机才有机会获得武器装备，当歼灭的敌机足够多时，才能获得必杀技——为自己装上防弹装置，并在瞬间发射导弹，把敌机全部歼灭。

一开始，我总会在前三关丢掉所有性命，也常常抱怨自己的"水平"不到家，羞于向小伙伴们展示。

后来，这款飞机游戏又出了无敌版，让我眼前一亮。有了无敌版，我觉得就可以所向披靡，在小伙伴面前"显摆"自己的水平了。

可事实上，当我可以无限地使用必杀技，随时给自己装

上防弹装备，使自己丝毫不受伤害的时候，那种拼命躲闪、奋力拼杀、顽强抵抗的劲头也消磨殆尽了。

渐渐地，我开始觉得索然无味。

在此之前，小伙伴还会用钦佩的眼神看着我。而如今，再也没有人愿意看我开挂般的秒闯全关了。

最后，我还是卸载了无敌版，享受那种在枪林弹雨中求生存，在强大敌军面前冲锋陷阵，在攒足能量之后大杀四方的感觉。

有时，我们把自己放在舒适区里，以为这样就可以躲避风雨，可舒适区看似安全，实际上却是危机四伏。

毕竟，原地踏步的人，不仅仅会觉得索然无味，而且会付出代价。

有人说，人生要么是一场大胆的冒险，要么只是梦一场。我深以为然。

从长远来看，躲避危险和完全暴露一样不安全。大胆地去冒险，你可能会失败，但如果只站在原地，不进行任何冒险的尝试，你有可能会更失败。

反观生活，它远比游戏要艰难得多。越不肯出去冒险，当危机真正来临的时候，失败的风险也就越高。认真走好每一步，最终结果也不会太差。

以攻为守，才是最有效的防御。

02 >>>>

不知道从什么时候开始，身边诞生了一群"佛系青年"。

"算了吧""无所谓""都可以""随你便"，与其说是知足常乐，更不如说是逆来顺受。

这一类人，或许有远见，有理想，有抱负，有千万种听起来热血沸腾的想法，却迟迟不肯行动。

因为害怕犯错，害怕失败，害怕不完美，所以，固守安全区，不愿走出来，最后变成一种循环往复。

相比于什么都没做，更遗憾的，莫过于明明有机会抓住，却因为犹豫和拖延而与机会擦肩而过。

03 >>>>

出版第一本书之后，有不少读者给我发来私信。其中，有一个女生对我说，大学还没毕业，家人就给她找了一个安稳轻松的工作，但这样的安稳不是她想要的，在那个公司根本得不到锻炼和成长。看完我的书之后，她决定辞职，去更远的城市看看，到更大的公司去磨炼。哪怕穷困，哪怕落魄，也比当下的环境获得的多。

我支持她的想法，毕竟我们还年轻，要活，就要活出一个野心勃勃的自己。

夜深人静的时候，总有一盏灯陪伴着我。为了写作，我常常码字到凌晨。因为记录某个转瞬即逝的灵感，我常常半夜爬起来。当别人看到我的文章连连点头时，只有我自己知道为此付出了多少努力。

当城市入睡的时候，我还常常忙着应酬，桌上的几个人已经昏昏沉沉，可我还是要陪着喝酒。家里的孩子已经入睡，原想等我一起看会儿电视也没等到。在别的同事眼里，我家庭美满、事业有成，一定靠着某种关系，而只有我自己记得，陪酒陪到很晚，甚至吐完之后被送进医院的难堪。

都说活着是为了生活，生活是为了更好地活着。我没有理由松懈，也没有时间抱怨，我只有不断地奔跑，生活才不至于捉襟见肘。

04 >>>>

一个高中同学，高考失利，在北方一个小城里读大专，又因为不是自己喜欢的专业，大专前两年都是在游戏里度过的。

就在升入大三的那一年，看着同窗们都在为升学、实习忙碌，他瞬间被卷入了一场没有硝烟的竞争里："我将要去哪里，将要靠什么养活自己？"一夜之间，所有问题都提上了日程。

痛定思痛，他决定卸载游戏，准备升学考试。

为了专心复习，他在校外租了一个小房子，拒绝了所有社交，把自己反锁在小房子里备考。早上7点起床，简单地吃点麦片就开始学习。中午要么吃泡面，要么就叫外卖，从不出去。到了晚上，他有时会熬到夜里2点。就这样，他持续了大半年近乎魔鬼式的训练。

夏天的时候容易流汗，长时间坐着，他的臀部长了类似痱子的东西，奇痒无比。到了冬天，他的手被冻伤，满手的冻疮和裂痕，可他依然咬牙坚持。

后来，他考上了北京的一所院校，又在两年后申请到了去英国留学的机会。如今，他又在学校的安排下去往澳大利亚当交换生。

从前觉得遥不可及的梦想，如今都慢慢变成了现实。

有一次，我问他："仅仅几年，为什么你会有翻天覆地的变化？"他说："我只是不想看到自己5年、10年之后还是老样子。我知道，我的起点并不高，可并不代表我就没有反超的机会，我就是要证明自己不是一个loser，我要让所有人看到我野心勃勃的样子。"

为了证明自己，赌上整个青春又何妨？那些深夜里打满鸡血，斗志昂扬，早上四五点就被梦想叫醒的日子，才是最珍贵的回忆。

05 >>>>

青春就是用来挥霍的?

漂亮话谁不会说啊。

在这个社会,岁月静好几乎是一种迷信。然而,大多数的岁月静好,其实都是用汗水和泪水浇灌出来的。

这世界如同一片海洋,想在满是鲨鱼的环境里生存下来,就要拼了命地去游,远离所有看似安全的舒适区。

电影《我是路人甲》里,最让我记忆犹新的一个片段是王昭饰演的路人甲,总是仗着自己长得帅,天天梦想自己成为超越古天乐的大明星,可他一到剧组忙碌时就躲在没人的角落里睡觉,因此他错失了去北京训练的机会。

当他被覃培军一扫帚惊醒的时候,发现剧组早已收工,就连他最好的两个朋友也弃他而去。

两个朋友大声地向他喊道——

"茅盾说:'我从来不梦想,我只是在努力认识现实。'戏剧家洪深说:'我的梦想是明年吃苦的能力比今年更强。'鲁迅说:'人生最大的痛苦是梦醒了无路可走。'苏格拉底说:'人类的幸福和欢乐在于奋斗,而最有价值的是为了理想而奋斗。'"

那一刻,王昭惭愧不已。

自身条件再好,可若当别人想拉你一把,也不知道你的手在哪里的时候，又何谈能够成功？想到这，王昭重新燃起了对梦想的渴望，努力去追那辆飞驰的三轮车。

长相不够出众甚至有些丑陋，却一直拼了命地努力的覃培军，在戏中说过这样一句台词："人长得不够帅，就要把戏演好。书读得不够多，就要把事做好。"

这句话不仅是鼓舞自己，同样是激励别人。

刚来北京的时候，我搬进了地下室，之前住在这里的姑娘，在墙上贴了一张纸条。纸条上写着："从来就没有平白无故的成功与荣耀。比起岁月静好，我更喜欢自己野心勃勃的模样。"

这句话，也送给每一个逆风飞翔中的你我他。

抱怨有什么用呢，与这个世界为敌又有什么用呢？最明智的选择，就是留着所有力气变美好，义无反顾地走下去。

真正努力的人，哪有时间去仇视人生

01 >>>>

有人说，抛开天赋和机遇，杰出和平庸之间最大的区别，就在于一个只争朝夕，一个驻足于过去。对此，我深信不疑。

一个真正努力的人，又怎会对过去的遭遇耿耿于怀？

网上曾有这么一个有趣的新闻：2017年，表情包高产的一年，你们骑着皮皮虾还没走远，后边"记仇"的小本本已经可以围绕地球好几圈了。

看着越来越长的小本本，上面满是记仇的话语，真让人哭笑不得。

玩笑归玩笑，一笑了之后，也请你继续前行。

02 >>>>

正所谓，明枪易躲，暗箭难防。

职场里，总有一些"小人"，在你完全不知情的情况下，传尽了风凉话，诋毁着你所有的付出和努力。

那些鄙劣小人搬弄出的是非，可以用恶毒来形容。也许只有在你毒发之际，才会觉察出那些诋毁有多伤人。

刚毕业那会儿，我曾在一家公司从事销售工作，工作上吃苦拼命，业绩也遥遥领先。

升职是每个职场中人的愿望，我也不例外。就在入职后的半年左右，部门经理告诉我，这一次的业绩考核，我很有可能脱颖而出，被派到新公司当经理。

出人意料的是，我的竞争对手为了争夺职位，竟然在背后搞起了小动作。

原来，他的一个亲戚和公司的领导是中学同学，于是，他通过这一层关系，让领导破格提拔了他。

于是，原本让我信心满满、志在必得的升职机会，就这样被人剥夺了。

朋友以为我会难过，特意打电话过来，没想到我竟然正和几个朋友一起在唱歌吃大餐。

当朋友提起工作上的事情时，我风轻云淡地说："是我的，谁也夺不走，不是我的，再强求也没用。接下来我要做的，是努力来证明我自己。"

没有金刚钻的人，就难揽瓷器活。事实证明，新上任的经理缺少实操经验，一味地给员工施加压力，导致新公司运转得一团糟，让所有员工怨声载道。

又一次业绩考核，我用实力碾压了对手，在众望所归下夺回了属于自己的职位。

其实，最好的"报复"就是不报复。与其义愤填膺地立即回击，不如在一番努力以后，用实力来证明自己。

这次完胜，我又一次想起了偶像演员和实力演员之间的博弈。

虽然偶像演员可以迅速走红，可大多只是昙花一现。相比之下，实力演员则走得更远，熬过一段寂静落寞的时光，迟到的掌声将经久不息。

埋头苦干，才会有出路。

03 >>>>

影视剧里常有这样一个桥段：相爱已久的恋人，到了谈婚论嫁的时候，偏偏遭到了家人的反对。那个为爱负伤的人，往往是男方。

为什么呢？女方家人给出的理由很简单，就是觉得男方家境贫寒，不愿看到自己的女儿跟着男方一起吃苦。

饶雪漫在《左耳》里说："对一个男人来说，最无能为力的事儿，就是在最没有物质能力的年纪遇见了最想照顾一生的姑娘。"这是大多数男人都要迈过的一道坎。

一边是家人，一边是男友，女方的内心也会陷入挣扎。这时，是向家人妥协，还是选择男友？按照剧情的发展，女方大多提出了分手。

同样，男方也被推到了十字路口。

是得不到，报复女方，还是放手一搏，追回女方？

毋庸置疑，后者更能打动观众的心。

抱怨有什么用呢？与这个世界为敌又有什么用呢？最明智的选择，就是留着所有力气变美好，义无反顾地走下去。

04 >>>>

第82届奥斯卡颁奖典礼上，有两部电影都获得了9项提名，分别是凯瑟琳·毕格罗执导的《拆弹部队》和詹姆斯·卡梅隆执导的《阿凡达》。

非常巧合的是，凯瑟琳·毕格罗和詹姆斯·卡梅隆曾是一对夫妻，虽然两人只短暂地度过了2年。

奖项公布之后，《拆弹部队》的导演凯瑟琳·毕格罗摘取了最佳导演奖，成为奥斯卡有史以来第一位最佳女导演。

这为娱乐记者提供了不少噱头，典礼结束后，铺天盖地的新闻发表出来。新闻的主题出奇地一致，说的都是凯瑟琳·毕格罗如何不忘屈辱，痛定思痛，最终报了当年金球奖落选给前夫詹姆斯·卡梅隆的一箭之仇。

理性的读者，自然会辨别出这些新闻只是空穴来风。

一个只想把工作做好，不为过去所羁绊的人，又怎会有"一箭之仇"这一说？

真正努力的人，哪有时间去报复啊！

凯瑟琳·毕格罗之所以摘取桂冠，一定付出了比所有竞争对手都要多的努力，包括她的前夫詹姆斯·卡梅隆。

与其沉溺于过去的得失，不如给将来一个机会，用努力去证明这一切。

愿你有持之以恒的魄力，更有从头再来的勇气。

为人最难的是糊涂，最怕的是较真。凡事都要斤斤计较，还有什么快乐可言呢？

格局大的人，越活越敞亮

01 >>>>

不久前，走到小区公共停车场的时候，看到有两个女人争吵了起来。原因很简单，甲和乙同时发现了停车位，甲准备倒车入库，却没有乙倒车的速度快，还没等甲缓过神来，乙就迅速地抢占了车位。

两人的声音越来越大，围观的人越来越多。

两个女人都不甘示弱，叫来了朋友和家人，没有任何一方愿意让步。眼看一场冲突不可避免，幸好警察及时赶到，控制了局面。

和我同行的李姐看到这一场景，连连摇头，说："不过是因为一个车位，至于这样大动干戈吗？"

我说："这还真不是一个车位的问题，而是双方的一点小口角被围观的人推到了风口浪尖，再加上没有任何一方愿意退让，一旦情绪失控，后果真不堪设想。"

没有格局的人，到哪都心生怨念，哪怕只是一件不起眼的小事。

从出生那天起，我就跟着家人在外漂泊，常住在外来人口居多的旧小区。因为租客鱼龙混杂，社区也缺乏管理，邻里之间的矛盾和冲突也时有发生。

我也曾亲眼看见惨剧的上演，双方满身是血，都被送往了医院。妻子的号啕，孩子的痛哭让人揪心，我木木地站在那里，吓得瑟瑟发抖。

后来才知道，双方不过是因为孩子之间的争夺而大打出手的。孩子之间的争夺算得了什么呢？即使哭了，哭完了还是好朋友。可有些护子心切的大人却不这么想，吵了几句就再也收不回来了。

没有格局的人，实在是太可怕了。

当晚，我一脸惊恐地告诉了母亲，母亲说了这么一段话："以后一定要懂得善良和宽容，格局大的人才不会酿成惨剧，千万不要因为一时冲动毁了自己的一生。"

为人最难的是糊涂，最怕的是较真。凡事都要斤斤计较，还有什么快乐可言呢？

02 >>>>

曾有一段时间，公司业务突然增多，于是中午的时候，我常常点外卖。跟其他人不同，每次都快一点了，我的外卖才姗姗来迟。

大家都很好奇，纷纷问我："为什么你点的外卖每次都送那么晚，饭菜都凉了还怎么吃？碰到这种黑心店家，干吗不投诉？"

我放下餐盒，道出了秘密："你们不知道，这是我点餐时自己设定的时间，每次我还会备注一条信息：'中午点餐高峰，老板您店里忙，我的不用着急的。'"我一边打开餐盒，一边接着说，"出来打拼都不容易，包容最重要。"

记得一个大雨天，外卖师傅为我送餐时意外摔倒，衣服上全是污水，车子被撞到变形，不得不送到维修店维修。当外卖师傅把外卖送到我的手上时，已经超出送餐时间一个多小时了。

我没有丝毫责怪的意思，只因为我深知他们的不容易。

一个真正宽容、有大格局的人，不会因为生活里的一点不如意而大发雷霆。相反，他会懂得生活的疾苦，用真诚换取一颗真心。

每次我打开餐盒，都会看到餐馆老板加送的鸡蛋和鸡腿，有时还会收到老板女儿画的蜡笔画。孩子心灵手巧，画的是草房、花儿和太阳。看着五颜六色的蜡笔画，我的一整天都是好心情。

凡事不必太计较，善意自然会换来友谊和快乐。

03 >>>>

有一期《吐槽大会》，很多观众都被王岳伦圈了粉。

主持人张绍刚在介绍嘉宾的时候，把王岳伦放在了最后："王岳伦，内地导演，代表作……"说到这，张绍刚故作冥思状，台下有观众大声喊："《爸爸去哪儿》！"台上还有嘉宾附和道："Angela（王岳伦的女儿王诗龄）！"

所有人都笑出了声，王岳伦也忍不住笑了。

当嘉宾王建国吐槽的时候，王岳伦"吃软饭"似乎总是那个绕不过去的槽点："王岳伦平时都是跟着太太和女儿一起出来，第一次出来上节目，很惊讶，应该是经济遇到了问题。什么问题呢？大概就是老婆和女儿给的零用钱都花光了。"

王岳伦丝毫没有生气，跟着大家一起哈哈大笑。

对于"吃软饭"这一说法，李诞又接着吐槽："王岳伦的父亲是一位知名画家，人家用得着吃软饭吗？人家是啃老。”不仅如此，李诞还吐槽了王岳伦的电影："每年王诗龄过生日，王岳伦他爸都会给孙女送一幅画。将来王诗龄也有了孩子，你说你当姥爷的，你送孩子什么呢？每年生日给孩子拍部电影，那孩子在学校多抬不起头来，小朋友见了都得起哄：'完喽，你姥爷又拍电影喽。'"

王岳伦笑得前仰后合。

网友们纷纷赞赏，王导的格局真大啊，面对这样犀利不留情面的吐槽，竟然一点尴尬都没有，甚至笑声盖过了所有嘉宾和观众。

轮到王岳伦吐槽别人的时候，他花了很长时间来自嘲："我王岳伦，是可以自力更生的……男人嘛，要以老婆的事业为重。"

这样大度又幽默的男人，想不被他圈粉都很难。

在张靓颖是主咖的那一期，张绍刚吐槽陶晶莹曾被人戏称为青蛙，陶晶莹没有表现出任何的尴尬。相反，她也不卑不亢地调侃张绍刚是小猪佩奇。

听完她的吐槽，观众们无不大呼过瘾，即使被"攻击"了长相，还可以这样潇洒自如的人，格局真让人钦佩。

我始终相信，快乐不是得到的多，而是计较的少。看开一点，看淡一点，凡事会心一笑，你就会发现快乐真的会如期而至。

04 >>>>

冯仑说："伟大都是熬出来的。"

也许，平庸和卓越之间最大的区别，就在于能否承受委屈和诋毁。没有人可以依靠，那就要做自己的太阳，让所有坏情绪通通蒸发，只留下快乐的种子生根发芽。

见过格局大的人轻易掉眼泪吗？恐怕没有吧。

因为他们明白：受得了多大的委屈，才做得了多大的事；受得了多大的诋毁，才能承得住多大的赞美。

人若没有高度，看到的都是烦恼。

人若没有格局，看到的都是鸡毛蒜皮。

人生没有白走的路，每一步都有它的意义。我们走到今天，早该拔掉了身上的刺，再也不是那个一不开心就大吵大闹、争论不休的傻孩子，而应该喜怒不形于色，用更广阔的胸襟包容这一切。

这样的我们，才不至于在跌落谷底的瞬间，立刻被生活击倒。

不管有多少颠沛流离，有多少水深火热，依然有人把疾苦的人生熬成了诗。执着、倔强是他们永恒的标签，因为热爱这个世界，所以永远都不会妥协。

再难的生活，也有人将疾苦熬成了诗句

01 >>>>

一次采购，我认识了一个喜欢写诗的货车司机。

司机姓胡，老家在陕西，家里有两个女儿，大女儿已经成家，小女儿还在念大学。

那个时候正值高温，再加上胡师傅的货车里没有空调和风扇，没过一会儿，我就浑身是汗。

一行有一行的难处，货车运输也不例外。为了养活一家老小，要忍受着高温，在公路上驰骋，劳累不说，忙的时候连饭都顾不上吃。

离公司还有2公里的样子，胡师傅突然减缓了车速，转过

头问我："我可不可以停在路边？"

我愣住，问他为什么，他擦了擦额头上的汗水，一脸朴实地对我说："我突然来了灵感，记性不太好，想拿本子记下来。"

原来，胡师傅喜欢写诗，厚厚的本子里满是他的笔迹。当我夸赞他是诗人的时候，他连连摆手，说："诗人这个称谓我可不敢当。说实在的，小时候家里穷，还没上完小学家里就不让上了，我一直对古诗词挺感兴趣，灵感来了就拿本子写写自娱自乐，也算是弥补了小时候的遗憾。"

就在那一瞬间，我对他肃然起敬。

作家崔健修说："唯有悟透了人生的真谛，方能淡定地将苦难轻轻拂去，方能从容地将简单的生活打理得那般活色生香。"

虽然他们有着常人的窘迫、苦恼和无奈，却无一例外地站在了精神的高地，把世俗的日子过得更有品味，更加优雅。

如胡师傅一样的人，一定不在少数。

02 >>>>

2017年，一部记录女诗人余秀华的电影《摇摇晃晃的人间》横空出世。影片用诗意的语言、多变的视角呈现了这位饱受疾苦，却依然盎然绽放的大地之花。

这部电影获得了包括拥有"纪录片界奥斯卡"之称的阿姆斯特丹纪录片节（IDFA）评委会大奖在内的多个重要奖项。看完这部电影的人，无不被她的人生经历所折服。

"我不甘心这样的命运，也做不到逆来顺受。"1976年，余秀华出生在湖北一个贫穷的农村。那里有大片的田野、起伏的麦浪和一望无际的蓝天白云。因为出生时母亲难产，所以她天生脑瘫。一岁的时候，她还不会坐；2岁的时候，她依旧坐不稳；直到5岁时她才能坐稳。

在那个落后又封闭的农村，有一种迷信的说法，这辈子身体上的缺陷，是上辈子做了坏事造成的。于是，余秀华一瘸一拐地走路，非常吃力地夹菜，含糊不清地吐字，常常引来别人的冷眼和讥笑。

身体已是如此，可在她的诗中，很少直接触及残疾，因为"说出身体残缺如牙齿说牙痛一样多余"，她只将其看作"被镌刻在瓷瓶上的两条鱼，在狭窄的河道里，背道而行"。

她说："当我最初想用文字表达自己的时候，我选择了诗歌。因为我是脑瘫，一个字写出来也是非常吃力的，它要我用最大的力气保持身体平衡，并用最大的力气让左手压住右腕，才能把一个字扭扭曲曲地写出来。而在所有的文体里，诗歌是字数最少的一种，所以这也是水到渠成的一件事情。"

早在学生时期，余秀华就开始写诗。

写诗，打破了她无尽痛苦的困境，拖着她不断地往前走，不断地向前爬，使她饱受折磨的生命也有了出奇的转折。

当她用歪歪扭扭的字体，写满一整本日记本的诗，并给喜欢的老师看时，那位老师留言说："你真是个可爱的女生，生活里的点点滴滴都变成了诗歌。"

那一刻，她特别感动。

当然，也有被否定的时候。19岁那年，一位老师因为认不清她的字，最后给了她零分。

她一气之下退了学，在亲戚朋友的撮合下，嫁给了一个比她大13岁的男人。

"在你的诗里，有那么多的篇章都在写爱情。"《朗读者》节目里，主持人董卿提起她的作品。

"缺什么补什么。"她昂着头说。

那时的她，和丈夫没有共同语言，更谈不上什么爱情，婚后不久就陷入争吵和分居的尴尬境地。不久后，丈夫外出打工，她留守在家，每月领着60元的低保，一边照顾孩子，一边帮家里人干农活。

大部分时间，她都住在一间砖房农舍里。门口有树，周围全是庄稼。她用深深浅浅的脚印，走过一条土路，到一个池塘去喂鱼。空闲的时候，她还会用一把不太顺手的镰刀割草，喂她的兔子。更多的时间，她会在砖房旁的一张低矮的桌子上，努力控制着颤抖的身体去写诗。

随着余秀华的成名和经济上的独立，她想通过离婚来结束这段无爱可言的婚姻，并重新掌控自己的命运。离婚后的余秀华并没有想象中的那样绝望,她说:"这是我最美好的时光,感觉很好。"她依旧坚持写诗,写残缺的身体,写她对真爱的渴望。

"诗歌是什么呢?"她在《月光》的后记中写道,"我不知道,也说不上来,不过是情绪在跳跃,或沉潜,不过是当心灵发出呼唤的时候,它以赤子的姿势到来,不过是一个人摇摇晃晃地在摇摇晃晃的人间走动的时候,它充当了一根拐杖。于我而言,只有在写诗歌的时候,我才是完整的、安静的、快乐的。"

董卿问她:"愿意把这些诗,这些才华,去交换一个正常的身体吗?"

余秀华说:"这觉得也不好,放眼望去,大街上都是好看的面孔,但是(更重要的是)这些面孔后面,有没有一个美丽的灵魂。"

03 >>>>

早在一夜成名之前,余秀华就已经有了一批忠实的读者。2015年1月16日,《穿过大半个中国去睡你》在朋友圈被刷屏,再加上她患有先天性脑瘫,余秀华就像颗深埋地底的炸弹,突然在诗歌界引起轰动。

到了2015年2月,她已经出版了两本诗集《摇摇晃晃的人间》《月光落在左手上》，后者成为30年来国内最畅销的诗集。就连《纽约时报》都给予她至高无上的评价："余秀华是一个了不起的人，是2017年认识的最强大的中国女性之一。"

法国作家安纳托尔·弗朗斯曾说过："人生的真相是甜美的，恐怖的，有魄力的，奇怪的，痛苦的，然而，这便是人生。"

不管有多少颠沛流离，有多少水深火热，依然有人把疾苦的人生熬成了诗。

执着、倔强是他们永恒的标签，因为热爱这个世界，所以永远都不会妥协。

04 >>>>

四川某年过六旬的环卫工人，自学吉他38年，最后成网红，被赞是"一名被耽误的乐手"。

这位环卫工人名叫陈恒秋，24岁就攒钱买了人生第一把吉他，如今他依然利用工作之余坚持练习。

1986年，陈恒秋来到了成都，靠给别人擦皮鞋为生。"那时候吃了上顿没下顿，兜里一分钱也没有，下一秒来客人了，擦两双皮鞋，就可以吃一碗面了。那时的条件非常艰苦，为了省钱，一瓶矿泉水要喝上好几天，没有活干的时候，甚至还有了捡别人剩饭剩菜的冲动。"

风餐露宿的日子，没有让陈恒秋就此堕落，反而让他感受到了无比的快乐。

到了年底，陈恒秋把省吃俭用积攒的800块钱交给母亲，母亲却怎么都不要。于是，犯了"琴瘾"的陈恒秋有了再买一把琴的想法："要不再买一把琴，没客人的时候，还能自己弹着玩玩。"

后来，陈恒秋和另外两个音乐爱好者一拍即合，在成都的街头表演。不管自己换了什么工作，对音乐的热情都丝毫不减。

因为对音乐的狂热，陈大爷竟然感动了一家琴行的老板："我们在弹琴，他看到了说能否借一把吉他弹奏一下，然后就认识了。他基本中午都会过来弹奏个40分钟左右，他弹奏音乐很狂热，每个人都有对音乐的不同理解，只要享受其中就好。"

陈恒秋每天早晨6点开始工作，一直到下午6点才下班。除了每天中午去琴行练练琴之外，如果有了兴致，还会在下班之后坐在草地上弹唱，引来不少路人驻足围观。

我很喜欢《寒蝉鸣泣之时》里的一句话："在温室生长的不知世间疾苦的花朵也同样很美。但是那些经历了风雨寒暑在野地里盛放的花朵，拥有的不仅仅是美丽吧。"

愿你做过的美梦都能实现，愿你做的每件事都发自内心地喜欢，愿你不再辜负自己，永远活得像孩子一样快乐而自在。

PART 4
不祝你一帆风顺，只愿你更加强大

当普鲁斯特到了生命的最后时刻，他回首往事，审视从前所有的痛苦时光，他觉得痛苦的日子才是他生命中最好的日子，因为那些日子造就了他。那些开心的年头呢？全浪费了，什么都没学到。

没有人会在意你为什么快乐，为什么悲伤，为什么要那么努力，为什么要那么颓靡慌张。所有的美好都不复存在，所有的孤独都会席卷而来。我们都是穿梭在宇宙里一颗独立的小星星，不运动的时候，四周空无一人。

长大这两个字，孤独得连偏旁都没有

01 >>>>

小时候，我最喜欢吃奶糖和干脆面。喜欢那种剥掉糖纸，又白又大的奶块出现在面前，放在嘴里舍不得咬，又舍不得化的感觉。

那时我们拿着5毛钱，手舞足蹈地去买干脆面。把面块捏得粉碎，调味包放进去使劲地摇，吃到最终，把仅剩的一点倒在手里，把多余的调味料抖掉，觉得抖得差不多了，就一把倒进嘴里，再把"爪子"舔干净。更有趣的是，袋子我们还舍不得扔，往袋子里倒水，最后喝到滴水不剩。

小时候的我们容易满足，口袋里装着一块钱就可以快乐一整天，陪伴着我们的，还有家人和伙伴。

如今再去买奶糖和干脆面，却很难再有小时候的那般滋味。当我们足够有钱，可以买上一大包奶糖和一整箱干脆面时才发现，干脆面少了那种滋味，我们吃它更多的时候是为了果腹，奶糖也不怎么甜了，反而甜中生出一种苦涩。

以前，我们哭着哭着就笑了，后来，我们笑着笑着就哭了。原来，长大后的时光，真的一点都不甜。

都说越长大越孤单，越长大越不安。

长大之后，懂你的人越来越少，能够说心里话的人也越来越少。

没有人会在意你为什么快乐，为什么悲伤，为什么要那么努力，为什么要那么颓靡慌张。所有的美好都不复存在，所有的孤独都会席卷而来。

我们都是穿梭在宇宙里一颗独立的小星星，不运动的时候，四周空无一人。

02 >>>>

2018年过去了，最后一批90后也成年了。

步入成年人的行列，孤独也成为常态。

想起我最孤独的回忆，是在几年前乘坐的一班火车上。

除夕夜，我才踏上归途。整节车厢里，只有我和4个列车员、2个乘警。空气静止了一般，寂静得有些可怕。

当其中一个列车员走到我的跟前，对我说"跟我们一起吃点饺子吧"那一刻，我瞬间泪崩，哭得像一个孩子。

我想，那是属于我的酸涩回忆，也是属于无数人共同的回忆。

我常常对身边人说，成年人不仅有来自四面八方的压力，还有更令人煎熬的，来自内心的孤独。

是啊，我们都曾豪情壮志，要改变这个世界，还想象自己一伸手就可以呼风唤雨，撒豆成兵。到头来，我们跌了无数个跟头，吃了无数次苦头，忍受了无数次孤独，才跟自己和解。原来，长大，远比我们想象中的要难得多。

长大后，我们往往要和孤独不期而遇。在一个人的夜晚徘徊在路上，在一个人的电影院里吃爆米花，在一个人的花海里无人共赏，在一个人的烧烤摊前独自惆怅……

那种孤独，是常人所无法理解的。正如理解本身，总是那么孤零。当你下班后，把所有灯和音响都打开，电视里放着你平日里最爱看的电视剧，那种孤独的感觉都如影随形。

这个世界能永远陪在你身边的，只有你自己。多么残酷的一句话。

03 >>>>

记得有一年冬天，要乘火车去外地，没有座位，就挎着行李默默地站在过道里。低下头，看到旁边蹲着一个衣衫单薄的中年人，用手写输入法，在聊天界面上艰难地写着几个歪歪扭扭的大字："不要担心我，车里不冷，很暖和。"

恍惚之间，我有些鼻酸。

我想起第一次来到这座城市时，一个人吃饭，一个人睡觉，一个人坐地铁，一个人看电影，甚至被冷落，被欺负的时光。

我试着认识更多朋友，参加各种各样的活动，添加各种各样的群聊，可到头来还是无比孤独。

我喜欢跑步，以为跑步就可以找到同道中人。一起围着操场，朝着相同的方向三步一大口地喘着粗气，一起肩并肩地抵达终点，一起躺在足球场上望着蓝天。

可我不得不面对的是，最美好的校园时光已离我远去。

很多时候，我只是一个人在慢跑。属于我的，是沙石车一过，呛鼻的灰尘，还有坑洼的马路溅起的污水。

突然无比深刻地体会到了"花无人戴，酒无人劝，醉也无人管"的滋味。

突然有一天，打开好久没打开的QQ，却没有一个人发来消息。有时候我在想，是大家过于忙碌了吗？是大家都不用这个工具了吗？为什么连生日那天，一个虚拟的，只需要用手点一点的礼物都没有人送了呢？最让我心痛的，是我被昔日的好友设置了空间权限，甚至有可能被永远地删除了。

最终，我删掉了所有的空间说说，一切归零。

一切都变了，一切也都没了。

日本漫画《夏目友人帐》有一句台词："我必须承认生命中大部分时光是属于孤独的，努力成长是在孤独里可以进行的最好的游戏。"

或许，我应该感到庆幸，我开始习惯这种孤独的状态，并乐此不疲。同时，我开始寻找快乐的理由，相信一切都会朝好的方向发展。

04 >>>>

长大，其实就是一瞬间的事。

在陌生的城市里，一个人面对汹涌的人群，却显得手足无措。在一段新的感情里，遇到了想要照顾一生的人，却没能给她想要的生活。在父母最需要陪伴的余生中，身在异乡，没能给他们依靠和温暖……

《半生缘》里有句话我印象特别深刻："中年以后的男人，时常会觉得孤独，因为他一睁开眼睛，周围都是要依靠他的人，却没有他可以依靠的人。"

上大学时给了爸爸一个QQ号，他的好友列表里只有我。爸爸拼音不好，不能经常跟我聊QQ，发语音，又怕我太忙，耽误我的时间。

所以他把心思放在了他的QQ签名上。即便他不上线，我也能知道他最想表达给我的信息。

我上学期间，爸爸的签名是：书山有路勤为径，学海无涯苦作舟。

后来我工作了，爸爸的签名变成了简单的两个字：想你。

不知为何，看到"长大"这两个字，我会忍不住流泪。

一路走来，儿时的玩伴走散了，曾经的知己疏远了，至亲的家人也离别了。我们开始试着接受人心疏离，接受风雨无常，接受突如其来，接受孤独挫败。

刘同在《你的孤独，虽败犹荣》里说："曾经我认为，孤独就是自己与自己的对话。现在我认为，孤独就是自己都忘记了与自己对话。曾经我认为，孤独是世界上只剩自己一个人。现在我认为，孤独是自己居然就能成一个世界。"

长大会孤独吗？会孤独。

孤独是折磨吗？其实，也不尽然。

几米在《星空》里写道："有阴影的地方，必定有光。"即使身处低谷，也千万不要放弃希望。这个世界，总有人在偷偷地爱着我们，也总有人等着我们去爱。

人生哪有什么胜利可言，撑下去才会有后来的一切。所以，不管多苦多难，请你一定要挺住。

哪有什么胜利可言，挺住就意味着一切

01 >>>>

前不久，我接到了晓旭的电话，电话那端满是欣喜："新阳，我马上要结婚了，你可一定要来啊。"

晓旭是我的大学死党，听到这个好消息，我打心底为他感到高兴。

几年的时光匆匆而过，真有一种恍如隔世的感觉。

记得毕业那年，晓旭和我一样，日子非常难熬。外公去世，母亲患了腰椎间盘突出，需要大量的医药费。好不容易进入一家公司，却被关系更硬的对手顶掉，换了家公司又被老板的亲信顶掉。花了整整一年去考研，最终却名落孙山。他身边的人对他无不叹息疏离，投来冷眼和嘲笑，那种滋味

真不好受。

后来，晓旭认识了现在的妻子。为了陪她，晓旭背着行囊去了北京，并在一家小公司里干起了销售。

晓旭对我说，那个时候，只有妻子愿意陪他聊天。那一句句"早安""晚安"像是一束光，照亮了他整个生活。

让晓旭意想不到的事情还是发生了。

那家小公司，总是以各种理由拖欠工资，同事之间的关系也非常紧张。与此同时，远在江西老家的父母也打来电话，对他们之间的恋情一百个不同意，妻子的前男友还常来骚扰。似乎就是在一夜之间，原本无风无浪的生活又要变得不平静了。

晓旭比较好胜且倔强，只要是他认定的事，谁也拦不住。这一点，从他上大学时比赛非要拼第一，跑步非要比我们多跑一圈就可见一斑。冥冥之中，我觉得他一定可以冲破枷锁，就像煮在水里的咖啡豆那样，改变整个环境。

许久没见，再见已是晓旭的婚礼上。望着他和妻子一起走过红地毯，我的眼泪也在眼眶里打着转。

那天，我从外地风尘仆仆地赶来，和晓旭单独聊了很久："晓旭，这几年走来很不容易吧，现在有没有一种人生赢家的感觉？"

晓旭含泪说："都说成年人的世界里没有'容易'二字，真的一点都不假。我离开了原来的公司，开始创业，摆平了妻子的前男友，又花了好长时间说服了家人。我知道这一切多不容易，还好我没放弃。所以，哪有什么赢不赢的，挺住就意味着一切。"

那些在纳斯达克敲钟的荣耀，是用无数个日日夜夜的坚持换来的。

几米在《星空》里写道："有阴影的地方，必定有光。"即使身处低谷，也千万不要放弃希望。这个世界，总有人在偷偷地爱着我们，也总有人等着我们去爱。

人生哪有什么胜利可言，撑下去才会有后来的一切。所以，不管多苦多难，请你一定要挺住。

02 >>>>

我也曾有过一段极其苦闷的时光。

那时，我辛辛苦苦创办的广告公司面临关门，女朋友因为不够理解常常闹着和我分手，亲人和朋友都用异样的眼光看我。我不愿与人接触，不愿与人沟通，只喜欢自己一个人待着。我常常一个人躺在床上，望着天花板，觉得任何事情都索然无味。最要命的是，我觉得自己得了社交恐惧症，不愿和别人接触，只想一个人躲在昏暗的房间里。

我住在城中村一个即将拆迁的危楼里，隔壁有个小男孩，六七岁的样子，非常可爱。一到下午放学，他就静静地坐在门口，等着爸爸妈妈回来。

有时我忘了关门，他会悄悄地站在门口朝里张望。看到我的时候，他会迅速地躲闪到一边，似乎在和我玩捉迷藏。

孩子永远是快乐的天使。在他们的世界里，没有什么烦恼，有的只是天真的幻想和对长大的憧憬。

看着他，我仿佛看到了曾经的自己。时光荏苒，那个吃着泡泡糖，追着风筝跑的孩子已经成人了，那个受了委屈依偎在父母怀里的孩子已经长大了，那个跌倒了可以任性地放声大哭的孩子也快到而立之年了。

长大，意味着有能力去争取自己想要的东西，同时也意味着，要把肆无忌惮的哭声慢慢地调成静音。那时，我常在深夜里痛哭，陪伴着我的，只有我的影子。

我尝试着和小男孩交朋友。在他没放学之前，在门口放一些饼干，放一个滑板和一个足球，把所有好玩的、有趣的都拿出来，看着他蹑手蹑脚地走近，脸上满是欣喜。

我开始从孤独中走出来，和他一起玩滑板，追着足球乱踢一气，把废旧的书本叠成一个个纸飞机。

后来他为我读《小王子》，虽然语速很慢，可我还是入了神。我在想，他就是《小王子》里那朵始终陪伴着小王子的小玫瑰花，总要问那么多问题，也喜欢讲起今天发生的点点滴滴。

我不得不承认，是这个小男孩治愈了我，是他的笑声陪我挺过了难关。

我曾幻想有一天，在我流泪时，有人可以用双臂将我环绕，用肩窝来盛满我的眼泪。而如今，我已不再需要拥抱和肩膀了，因为我觉得可以站起来了。

那一晚，我在朋友圈里发了一句话："那么难过，那就去死啊。不能死，就给我好好活着。死都不怕，还怕活着？"这句话，与其是说给别人听的，不如说是给我自己听的。

对啊，死都不怕，还怕活着？

看看这美丽的世界，碧海、蓝天、星辰、朝阳，还有更多的美景等着你去发现。遇点挫折又能怎样？天又不会塌，世界又不会覆灭。打掉牙往肚里咽又怎样，挺住就意味着一切。

03 >>>>

"曾经，我也像你们一样，坐在电视机前，认认真真地，安安静静地，看着她。她眼睛里绽放的光芒、嘴角洋溢的笑容，那最朴素又最动人的语言，最善良又最充沛的泪水，深深打动了我。我想，这也是留给几代中国电视观众最美好的记忆。"

这是《朗读者》节目里，主持人董卿介绍倪萍的一段话。这个主持了13年春晚，凭借《综艺大观》家喻户晓的央视一姐，给观众留下了太多难忘的回忆。

可就在她主持事业一路高歌的1999年，她发现自己刚刚出生不久的孩子有了眼疾。

春晚前夕，导演刘铁民照旧登门拜访了倪萍，再度邀请她主持春晚，她则因为孩子的问题左右为难。

"观众陪我十几年，我一直像个战士一样表现得很好，在战场上我没有输过，我不能因为我个人的事情，让观众发现我脸上有泪痕。"后来，她还是挺了过来。

2004年，倪萍离开了央视，当董卿问她是否和孩子有关时，她噙着泪水说："那时候就要急于挣钱，我们欠了很多钱，差点要卖房子，我哥坚决不让，就替我向朋友借。我就想自己挣点钱，我离开了，去拍电影。"

那个时候，她已经带着孩子去美国求医了四五年。她回忆，一到复诊的前一晚就夜不能寐。第二天到了医院，她就那么紧紧地盯着医疗室，双腿打着颤，生怕她的孩子有半点闪失。

整整10年，她过得非常艰难，没想到儿子没有彻底治好，婚姻也破裂了。

巨大的压力下，她常常独自一人坐在沙发上，一根接着一根地抽烟，心中的苦闷无处排解。她也会披着劣质的棉大衣，穿着平底布鞋就上了街。

刘晓庆看不下去，托人告诉她要注重形象，捯饬捯饬再出门，但她充耳不闻。有一次去菜市场买菜，一个卖鱼的小贩认出了她，抓住她的手，"哇"的一声哭了出来："怎么老成这个样子了？你是不是过得很不好啊？"

董卿有些动容地说："那10年，仿佛是一种历练，或者说上天给你的一种考验。"接下来倪萍的一席话让无数观众泪崩："这10年我几乎没有把心思放在工作上，全是儿子。偶尔回国内演出挣点钱，因为要交医疗费。但是我很幸福，因为我发现姥姥说的话特别对，你自己不倒，别人推都推不倒，你自己不想站起来，别人扶也扶不起，于是我就坚强地站着。"

2014年，倪萍出现在了《等着我》的节目现场，再一次拿起了话筒，坐在了主持人的位置上。虽然面部有些浮肿松弛，容颜也不免暗淡老去，可她依旧笑得那般灿烂。

自己不倒，别人永远都推不倒；自己不想站起来，别人扶也扶不起。即使遭遇了大风大浪，也请你一定挺过去。

04 >>>>

周国平说的一句话引人深思："人天生是软弱的，惟其软弱而犹能承担起苦难，才显出人的尊严。"

不是所有的努力都是为了证明自己，有的努力，是为了在身处黑暗时说服自己："认命不是撂下，而是要咬着牙挺过去。"

刘同的书《向着光亮那方》封面上写着："抱怨身处黑

暗，不如提灯前行。"无论眼前的生活有多么暗无天日，只要你一直走下去，总会有曙光在远方出现。

挺住，是不想被生活打败，是不屈服于命运的安排，有伤时依然昂起头颅，有泪时依然笑着坚强。

哪有什么胜利可言呢？挺住就意味着一切。

为了自己，请再挺一挺！

只要你肯努力，其余的就只管交给命运。当明天和意外不知道哪一个先来，那就把握好今天，哪怕是赌上自己的余生。

为了梦想，拼尽全力又何妨

01 >>>>

从《权利的游戏》正式播出那时起，我就一直追到现在。

在所有角色当中，最令人难忘的，恐怕就是那个容貌丑陋，却谋略超人的小恶魔提利昂·兰尼斯特。饰演提利昂·兰尼斯特的，不是别人，正是其貌不扬，身高只有1米35的彼特·丁拉基。

20世纪60年代末，彼特·丁拉基出生于美国新泽西州，母亲是一名小学音乐老师，父亲是一名保险推销员。不幸的是，彼特一出生就患有软骨发育不全症，身高像是被下了魔咒般，定格在了1.35米。

这样的身高，让他受尽了嘲讽。上了高中的他，爱抽烟，爱穿黑衣服，也爱一个人躲在角落里独处。也正是这个时候，彼特爱上了戏剧。

在经历了创业失败，剧本也石沉大海之后，29岁的他决定放手一搏，随后进入佛蒙特州的一所大学学习表演，并于1991年毕业。

在一次演讲中，彼特说："直到我29岁时，我告诉自己，无论接下来会怎么生活，能不能拿到薪水，会不会居无定所，无论好坏，我将从现在起，做一个演员。"

年近而立，真正的人生之路似乎才刚刚开始。

纵观他的前半生，有过太多的颠沛流离。如果换作别人，或许从意识到自己缺陷的时候，就已经自暴自弃了。他曾说："我小时候对身高非常介意，青春期的时候，我经常为此而痛苦、愤怒，无形中把自己封闭起来。但随着年纪越来越大，我就意识到人得有幽默感。当别人嘲笑你时，你得明白这不是你的问题，是他们的问题。"

他开始只能演小矮人、小精灵，到后来的无戏可接，直至穷困潦倒，居无定所。

为了摆脱"小矮人"的阴影，彼特一度推掉了很多角色，那些角色把矮人作为笑柄和搞笑的工具。"每个矮人演员，都可以为改变这种偏见，贡献自己的力量，办法就是对这样的角色说不。"也正是因为如此，他才有过一段低谷期。

后来在一番思想斗争后，彼特开始慢慢释怀，放下了这份执拗。他说："因为我的身高，我有着很强的自尊心和戒备心。我觉得娱乐业只看到了我的身高，没有看到我的才华。于是我就装作身高对我不重要，并且只出演那些与我的身高没有任何关系的角色。这显然限制住了我的事业，看看提利昂，我的身高显然是我得到这个角色的原因。如果我不是这样，我也不可能扮演这个角色。"

出演《权利的游戏》，是彼特·丁拉基的一个重大转机。凭借"小恶魔"这个角色，彼特·丁拉基再度蝉联了"艾美奖"最佳男配角。到第二季《权力的游戏》开播时，彼特一跃成为这部电视剧的几大核心主演之一，片酬也随之水涨船高。

有人说，不甘心的泪水和达成所愿的满足感，交织起来才是整个人生。对此，我深信不疑。

赌上余生，只为实现中学时期的梦。听起来或许洒满热血，可实际上，其中的煎熬和痛苦并非所有人都能承受。

成功了，或许会被别人高看一眼。一旦落空，搭上的就是整个人生。

那些誓死要捍卫理想的人不会退缩，因为相比于摔跟头、陷泥泞，他们更害怕平淡无奇地过完这一生。

02 >>>>

如果有人问我，最喜欢哪部音乐电影，我的回答一定是《爆裂鼓手》。

这部摘得多项大奖的影片，讲述了一个痴迷于音乐的年轻人，一路跟跄，最终成就传奇的故事。

主人公内曼，出身单亲家庭，从小就不善言谈，对音乐却十分痴迷。初到音乐学院的内曼，不过是一只"菜鸟"，只有调调鼓架、翻翻乐谱的份儿。

一次排练中，内曼被"魔鬼导师"弗莱彻选中，而后成为他精英乐团的替补鼓手。导师是个偏执狂，不许学员在演奏时出现任何差错，一旦出错，就会被他当众训斥，甚至被扇耳光。因为水平不够，内曼就曾尝过被扇耳光的滋味，还被导师当众揭开单亲家庭的伤疤。

在后来的一次比赛中，内曼以出色的表现，赢得了首席鼓手的席位。欣喜之余，却还是遭到了家人的漠视和反对。"与其平庸地活到90岁，我宁愿成为结束在35岁的传奇。"内曼没有在意家人的看法，并暗自下定了决心。

通往成功的路上哪有一帆风顺的啊。

没过多久，导师又找来了另一个资质不错的鼓手替换掉了内曼。内曼心有不甘，决定要重新夺回首席鼓手的席位。

玉不琢不成器，人不疯魔不成活。

为了更加专注地练习，内曼跟心爱的女友提出了分手，没日没夜地待在器乐室。那时的他有多疯狂呢？用一句话概括，那就是练到身体虚脱，击鼓的手流出了鲜血，都不觉得累和疼。

又一次首席鼓手的争夺比赛，内曼再一次凭借自己的实力夺回了首席鼓手的席位。

可天不遂人愿，就在一次重要演出当天，内曼所坐的公交车不幸抛锚，他只好租车前往剧院。当他赶到时，才得知因为自己的迟到，愤怒的导师已经再一次将他的鼓手席位撤换了。内曼想要和导师争辩，以挽回这来之不易的机会，可让他没想到的是，他的鼓槌竟然落在了车行。而在他回去找鼓槌的途中，他竟然被卡车撞翻，差点丢了性命。

回到剧院，满身是血、双手颤抖的他，已经没有力气演出了。他就这样与一次成名的机会失之交臂。想到以前受到的欺辱，忍无可忍的内曼和导师大打出手。而这样做的后果便是，从此之后，内曼再无演出的机会。

几年后，内曼和导师重逢。怀恨在心的导师为了让内曼出丑，故意邀请他参加JVC剧院的演出。

JVC剧院是音乐的顶级殿堂，许多大牌都登过这个舞台。

演出时，导师故意将内曼的鼓谱调包，没想到的是，内曼竟然用独有的鼓声改变了整个舞台的旋律，让在场的所有乐手都跟着他的鼓声重新演奏起新的音乐。

观众沸腾了，内曼也一举成名。

内曼跌跌撞撞，忍受了一次次痛苦。可是为了圆梦，再累也咬牙坚持，再苦也用尽最后一点力气。

电影虽然结束，却抛给人们一个话题：为了圆梦，你愿意承受多大的痛苦？

03 >>>>

NBA视频《你究竟有多想成功》，讲了一个发人深省的小故事：有一位年轻人，想赚很多很多的钱，于是向一位大师求教。

大师说："如果你想成功，明天早上来海滩找我。"

到了第二天，年轻人赶到。大师抓住他的手问："你对成功有多渴望？"

年轻人毫不犹豫地回答："非常渴望！"

大师指着大海的方向说："那你给我下水。"

年轻人有些犹豫，最后还是下了水。

当海水差不多淹到年轻人的腰际时，年轻人心想："我只想赚钱，大师却只教我游泳，我可不想成为一个救生员，我只想赚钱啊！"

大师跟在年轻人的后面，看年轻人不住地回头，喊道："走远一些，再走远一点。"

这时候水差不多已经淹到他的肩膀了，年轻人有些质疑，大师让我这样做，不会是个疯子吧？

大师的声音不绝于耳："走远一点，再走远一点。"

当水已经快淹没年轻人的嘴，年轻人的呼吸有些困难了，大师才让他转身。

这时大师又问他同样的问题："这回请你再告诉我，你对成功有多渴望？"

年轻人伸直了脖子说："非常渴望！"这时大师把他的头使劲地往水里按。就在年轻人快不行的时候，大师才把他拎起来。

大师告诉年轻人："当你像渴望呼吸一样渴望成功的时候，你就一定会成功！"

年轻人瞬间醒悟。

有的人，为了成功，可以不顾一切地攀越爬升，只为了争取一次出人头地的机会。而有的人，过着得过且过的生活，稍微一努力就觉得拼尽了全力。

那些梦想，如今被搁置在了哪里？是否被惰性一点点地吞噬，被得过且过一点点地消磨了？

真正的勇者，都会明白，当一个人拥有强烈的渴望时，才有机会摆脱所有的阻力去前进。

只要你肯努力，其余的就只管交给命运。既然明天和意外不知道哪一个先来，那就把握好今天，哪怕是赌上自己的余生。

有人说，狂欢是一群人的孤单，孤单是一个人的狂欢。人群散尽的时候，何不享受这份独处的时光，正视内心的渴望？

孤独是给予人生最好的礼物

01 >>>>

认识了一个夜间拉客的出租车司机。

那个时候，我刚找到一份勉强填饱肚子的工作。为了省掉乘坐地铁回家的费用和水电费，我多数时间睡在公司。这一次回家，是取一些换洗的衣服。

从闲聊中，我得知司机姓王，山西人，妻子和孩子都在老家，他是自己独自一人守着一辆车。

在我的想象中，一个夜车司机，最孤独的时刻，莫过于一个人在昏暗的隧道里开着车，即使载过上千名乘客，最后也只能一个人对着隧道自言自语。

接客、送客，收钱、找钱，消失在夜色中，这样的循环往复，王师傅一定很孤独吧?

当我这样想，也开口这样问的时候，王师傅笑了笑，没有立马回答，而是跟我讲了一个故事。

那天他开了好久都没有拉到乘客，看着一路上来来往往的车辆呼啸而过。突然在一个路口，他被旁边一辆车上的一个小女孩吸引了。他偷偷瞄了一眼，看到小女孩正在和妈妈打闹，前排开车的父亲笑开了花，后排还坐了两位慈眉善目的老人，跟着一起哈哈大笑。

王师傅转过头，有些动容地说，他常常遇到这样温馨的场景，孤独如影随形，可他并不难过。

我问他为什么有这种感受，王师傅呵呵一笑说："孤独本来就是生活的常态嘛，学会和自己和谐共处，才是幸福的秘诀。说实话，那一天的场景深深地印在了我的脑海里，可它只是幸福的另一种模样，是人生的另一个阶段。如果还没有来临，也不要郁郁寡欢，我们要做的，是享受现在，享受孤独。"

听着王师傅的话，我的心里涌出了一股暖流，也让我再一次对孤独有了更深刻的感悟。

以前我总认为，城市中的万家灯火，路灯下的形单影只，给人的印象总是孤独的。而如今看来，孤独又何尝不是一种人群散尽后的坚强和成长。

我们都要善待孤独，并在孤独里汲取成长的养料。就像卢思浩在《孤独是你的必修课》中所说的那样："与你有关的人太多，所以还不如做一个你想要做的人。人生都太短暂，去疯去爱去孤单一场。人都是孤独的，孤独不可怕，可怕的是惧怕孤独。想要摘星星的孩子，孤独是我们的必修课，我不怕自己努力了不优秀，我只怕比我优秀的人比我更努力。"

02 >>>>

孤独到底是什么呢?

有人说，一个人在操场上吹着风，喝着酒。

有人说，孤独是意识到对收银员说的"谢谢"是三天里第一句和人说的话。

还有人说，孤独是一个人回家，回到家后，第一件事情是把电视打开，直到睡觉前才关掉。不管看还是不看，都用电视的声音制造出的热闹来掩盖寂静的假象。

而我想说的是，孤独不是"无人与我立黄昏"，也不是"无人问我粥可温"，而是内心的渴望，像炙阳下的冰块一点点地融化，最终蒸发不见。

在清晨走出房门的那一刻，没有人告诉你，今天你会遇到什么人，谁会出现在你的世界里。下班回到住处后，也不会有人告诉你，会有什么人登门拜访，谁会悄无声息地占据你的手机消息栏，猝不及防地给你一个来电提醒。你唯一可以把握的，是你将用什么样的步伐行走，将用怎样的心情去面对或好或坏的际遇。

人本是自由的，孤独的人或许更自由吧。

一个人的时光，也是最惬意的时光。

一个人早起、晨跑、晚归，听音乐、看电影、去旅行、去培养兴趣，哪怕是静静地发呆，也总比一群人的喧嚣要来得强。

03 >>>>

日本电影《哪啊哪啊神去村》里，主角平野高中毕业，只想靠打工过他的下半辈子。在一次偶然的机会，平野被一张林业宣传材料上的美丽女孩所吸引，于是脑瓜一热，来到一个连手机信号都没有的偏僻小山村，接受为期一年的林业培训课程。

平野去的地方叫"神去村"，是一个极其偏远的小山村。这里没有网络，没有麦当劳和电影院，只有原始野蛮的风土人情和撼人心神的苍莽森林。

来到神去村后，平野常常被水蛭咬，被蛇咬，被伐木工具割伤，被看起来凶巴巴的山野大汉责骂。于是，他三番五次地想要逃跑，却在回到城市后，发现自己真正爱上了那个曾让他无比孤独的小山村。

在那里，他可以有大把的时间和自己对话，可以像看生活情景剧一样看着老人、大人和小孩们在田野里嬉闹。

从当初的逃离，到现在的回归，平野找回了初心。

有人说，狂欢是一群人的孤单，孤单是一个人的狂欢。人群散尽的时候，何不享受这份独处的时光，正视内心的渴望？

04 >>>>

1989年，科学界发现，世界上有一只最孤独的鲸鱼，她叫Alice。因为她的声波频率有52赫兹，正常鲸的频率只有15至25赫兹，鲸鱼只能靠声波交流。所以这么多年来，Alice从没有一个亲属或朋友，高兴或者难过时也无人问津，自己的声音只有自己去聆听。

Alice的水下世界，像极了这个奔忙却又无比孤独的人类世界。

车水马龙，四衢八街，一望无尽的背影，我们一次次驻足在人群中，却又一次次被人群淹没。

城市的节奏有些快，繁多沉重的工作少不了强颜欢笑。

于是，寻找内心，成了一个永恒的话题。

没有人记得，我们从什么时候变成了朋友圈里的隐形人，一遍遍地刷着朋友圈，不再关注评论和求赞。呈现自己是一件困难的事情，不是因为没有观众，而是因为观众太多。隐藏自己，显然比呈现自己要容易得多，也心安得多。

手机里的歌曲和照片也好久没有更新了，不是不想换，而是那些歌陪你早起，陪你晚睡，习惯了而已。

对有些人来说，一个人旅游，一个人坐车，一个人吃饭，甚至生病了一个人去签手术单，都没有那么可怕。相反，把仅有的一点空间拿去和别人分享，才是最要命的。

我们孤独，却肆意地活着。我们孤单，内心却比任何人都充满希望。我们成长，我们受伤，我们遗忘，最终，我们也一定会嘴角上扬。

亲爱的孤独患者，祝你一切都好，孤独的洪流中，我们终究会长大。

不服输的人，愿意花时间去实践，愿意用代价去交换，最终，一定会足够惊艳。所有的闪耀夺目，都绝非偶然。所谓体面的生活，都是建立在痛苦之上的。而不被看好，正是你日后惊艳的起点。

不被看好的时候，唯有全力以赴

01 >>>>

在《奇葩说》的舞台上，我最喜欢的选手就是姜思达。这个特立独行、精灵搞怪、说着暖心故事的大男孩，总会猝不及防地戳中人们的泪点。

记得在第三季第一期，导师挑选手的时候，姜思达是最后一个被挑走的。通过电视画面，我看到了他不经意间"被遗弃"的沮丧。

为什么垫底的是我，而不是别人？为什么别人都被导师疯抢，自己却偏偏落了单？

姜思达的落单，让我想起了我的小时候。因为长得不够好看，每次班里排演话剧我都会被安排演一些大灰狼、恶魔、巫师之类的角色。因为长得瘦瘦小小，每次运动会都被老师排除在外。又因为成绩不够好，每次排座位，我都会被排到班级的角落。

也许，上天本来就是不公的。为了扭转局面，我们要比常人付出更多努力，才有机会在激烈的竞争里站稳脚跟。

庆幸的是，姜思达没有放弃，就在第三季，他用不俗的表现证明了自己。最惊艳的，是他还挺进了决赛，和大魔王黄执中分庭抗礼。

姜思达之所以这么努力，是因为他不愿意就这么一直"垫底"下去。在最后一期的采访中，姜思达吐露："我一直不想作为一个拖后腿的存在，我不想让大家觉得，如果把我放在三辩的位置上，大家的信心就会下降。"说时自然平缓，等说完时眼泪已经流了下来。

那种不被看好的滋味，真不好受啊。

后来有一次专访，记者问他为什么第三季会那么惊艳。姜思达的回答是："太多人跑在前面，等着我去学。肖骁，洺洺，薇薇，如晶。我曾经坐在二排，看他们如何融入气场，乃至创造气场，未曾闭眼。换个人如此有幸被观众和节目组眷顾，从第一季坐到第三季，这种成长几乎是必然。"

蜕变虽疼，却确确实实让人成长。如姜思达，如果你不愿再坐在二排，充当一只默默无闻的丑小鸭，那你就要拼尽全力，在险象迭生中杀出一条血路。

02 >>>>

在这个世界上，从来就没有什么一蹴而就，也从来没有什么一步登天。

那些看起来风光耀眼、光鲜夺目的人，也都是在一片嘘声中坚持、在无数困境中崛起的，没有例外。

NBA著名球星韦德，出生在芝加哥的贫民窟，很小父母就离异了。为了让他接受更好的教育，姐姐特拉吉尔将他送到了生父那里。生父和继母的感情不是很好，无休无止地争吵，让年幼的韦德备受创伤。

也就是从那个时候开始，韦德迷恋上了篮球。一到清晨和黄昏，车库前的水泥地上，就有他和弟弟们打球的身影。韦德还练就了一套变相的上篮绝技，韦德回忆道："地面很粗糙，摔个跟头就破一层皮，但你必须突破，否则就赢不了球。"

后来，韦德升入了高中，加入了学校篮球队。为了让他的技术更加全面，韦德的教练为他单独制定了一个规则——如果是上篮得分，一律不计分。那个时期的韦德，没有机会参加青年训练营，也不能像科比和詹姆斯那样入选"麦当劳全美高中篮球最佳阵容"。在很长一段时间里，韦德都不被看好，甚至被孤立在外。

后来，在姐姐特拉吉尔、女友及女友家人的帮助下，韦德顺利地进入了美国马奎特大学。可由于成绩欠佳，韦德在球队中的角色只能是陪练。"我今天在训练中扮演对方球队的球星，明天就扮演对方球队的核心后卫，后天还可能扮演对方的内线球员，大后天还可能当对方的三分投手。"韦德回忆道。

正是凭借大学里陪练时的经验总结，韦德才有了日后逆袭的转机。喜欢韦德的球迷都知道，韦德球技非常全面，既可以像艾弗森那样有点缝隙就能突破，也可以像科比那样展现一剑封喉的绝杀本领。

在胜利的曙光来临之前，韦德同样经历过黎明前的黑暗。

不被看好的时候，正是一个人逆袭的最佳时机。黑白的人生，总要添上一笔逆袭的惊艳。

04 >>>>

上大学那会儿，一到周六，外语楼下就会有"英语角"的活动。"英语角"是我们和外教面对面交流的好机会。

因为口语不太好，每次路过，想多看两眼的时候，都会被同行的朋友劝走："就咱们这水平还想和外教聊天？算了吧，只有英语专业的人才有这个水平吧！"

有好几次，我驻足不前，朋友撇下我离开了。我不服气，别人越是挖苦我，我越是想要证明自己。

有多少人挖苦我，我早已记不清。我只记得，那一整年的时间里，我坚持早晨5点起来，背单词、蹭口语课、报口语班，拿各种口语资料逼自己。直到有一天我可以像英语专业同学那样，想到什么，就可以轻轻松松地表达出来，再也不是那个想要表达却无法开口的"菜鸟"了。

朋友都说我是一个非常固执的人，我只是会心一笑。那不是固执，分明是执着。

"固执"一点，不是更有拼劲吗？别人认为我做不到，我就是要试一试，觉得我不起眼，我就逆袭一次给他看。

最终，所有的不被看好，都成了我前进的动力。

05 >>>>

我曾在朋友圈里发了一条动态："不被看好又有什么关系呢？不如用实力证明自己，给所有敌人来一次反击。"

有一个朋友在底下留言："是啊，比起不被看好和痛哭流涕，我们要来一次惊艳的逆袭。"

简直不能更赞同。

如果把平庸的人和杰出的人，按比例划分为8∶2，那么，成为20%中的一员并非易事。可这并不是判了死刑，也不是注定抹杀了希望。

不被看好，有的人会就此沉沦，更多的人，却选择不顾一切地继续努力，以摆脱命运的桎梏。

不服输的人，愿意花时间去实践，愿意用代价去交换，最终，一定会足够惊艳。所有的闪耀夺目，都绝非偶然。所谓体面的生活，都是建立在痛苦之上的。

而不被看好，正是你日后惊艳的起点。

我只想证明自己，别人能做到的，我也能做到。别人或许很厉害，可我不断地加筹码进去，天平不会总是倾斜。

别让遗憾成了你颓废的借口

01 >>>>

奥运冠军杨威的一段演讲曾引发众人共鸣。

"我没有想过我会站在这样一个灯光聚集的舞台上，就像20年前，我怎么也想不到能站上世界竞技体操的最高领奖台。"

1996年，杨威入选国家体操队。他做梦也没有想到，教练就是当时赫赫有名的金牌总教练黄玉斌。

"你们进了我这个组，就是要争世界冠军。我们这个组，就是世界冠军组。"入队第一天，黄玉斌的话激起所有队员的体操梦想。

训练时，杨威不敢有丝毫懈怠，玩命似的训练，为的是能够在2004年雅典奥运会上一鸣惊人。

那时的杨威，身体素质、技术和心理都处在最佳时期，可谁都没有想到，一鸣惊人的美梦竟演变成了一场噩梦。

和男子团体体操冠军失之交臂后，大家把所有希望都寄托在他身上，可他却因为在单杠项目上的重大失误，无缘个人全能冠军。那一年，杨威的人生坠入了低谷，不堪回首。

"当时我越想越觉得对不起教练，跪在了总教练黄玉斌面前，我当时没有别的方式来表达自己的愧疚。黄导赶紧把我拉了起来，说咱们2008年从头再来。"站在演讲台上的杨威，语速不紧不慢，眼里闪着泪花。

都说凡事说起来容易，做起来难，奥运比赛更是如此。一个运动员，黄金时间能有几年呢？花4年时间再来一次，连杨威自己都没有勇气。

无数次，杨威梦到自己从单杠上掉下来的情景，看到教练失望的眼神和队友们流下的眼泪，梦和现实之间来回变换。他想到了退役。"毕竟25岁了，一个男人干什么都不晚。如果再熬上4年，北京奥运会什么都拿不到的话，我一辈子都会活在失败的阴影当中。"

关键时刻，黄导的一句话点醒了他："在你状态最好的时候，不一定能拿到冠军，非最佳状态的时候，有可能会拿到一个成绩。如果你现在退役，有可能你这辈子都拿不到一个全能冠军。"

要想没有遗憾，那就拼尽全力去追梦。怕什么呢？为了梦想，再来一次又如何？想到这，杨威又一次走进了训练场。

又是一个4年，1400多个日日夜夜，翘首以盼的北京奥运会终于到来了。

在这届奥运会上，杨威以94.575分的总成绩，时隔12年之后，重新为中国获得了男子体操全能金牌。他也成为中国第一位三次拿到世界大赛全能冠军的体操选手。

4年前失之交臂的那枚金牌，这一次夺回来了。当国歌在奥运赛场上响起，所有人都为之振奋。

美国哲学家威廉·詹姆斯说："人心最渴望的，乃是被人所认同。"那种跌入低谷、无人问津的滋味是无比痛苦的。想要绝处逢生，首先要克服的，就是畏难心理。

拼一下，还有机会翻身；就此放弃，恐怕所有遗憾都会尘埃落定。

02 >>>>

小时候总喜欢和小伙伴们一起爬树摘果子。

在所有伙伴当中，我是最瘦弱的那一个。同龄的小伙伴高林，比我高出半个头，力气也比我大，身手也比我矫健得多。

我不服气啊，偏要和高林比试一番，可是所有人都在为高林呐喊助威，反观我这边，空无一人。

我自己给自己打气，高林用10秒钟爬上树，我偏要用9秒，甚至要用五六秒完胜他。也正是因为如此，好胜心特强的我，常常会从树上跌落下来，腿上和胳膊上满是伤口和淤青。

一旦看到我从树上跌下来，家里人不仅不来安慰我，反而还会对我"棍棒伺候"。这时高林和其他小伙伴便一起观望，听到我被打得哭爹喊娘，幸灾乐祸地站在门口笑。可我就是要超过对手啊，只要家里没人，我还是会抱着树干往上爬。

跌下来，拍拍灰尘，再来。磕破了，淤青了，揉一揉，重新上阵。

靠自己努力摘得的果子一定很好吃吧？比我个子高、比我力气大又怎样，我不比任何人差。

我只想证明自己，别人能做到的，我也能做到。别人或许很厉害，可我不断地加筹码进去，天平不会总是向对方倾斜。

03 >>>>

大学同学卢路，到了大四才发觉大学时光将逝，决定好好珍惜。

上了大学，一个个就像脱了缰的野马，总觉得有大把的时间去放纵。有人敢于和时间赛跑，把大学过得有声有色；也有人装睡不醒，整天吃着外卖，打着游戏，醉生梦死一般。

我们一路欣喜，也一路遗憾。总是要等到临近毕业了，我们才会问自己：大学时光快要结束了，我还有哪些遗憾？

有人说没有考到很多证书，有人说没有得过奖学金，有人说没有经历过一场说走就走的旅行，还有人说没有谈上一场刻骨铭心的恋爱。

就像卢路，遗憾总是比欣喜多得多。想去实现的梦想，却因为自己的放纵和放弃一再搁浅。

快要毕业了，难道要这样一直遗憾下去吗？

卢路不敢再往下想。

有人说，人生最大的遗憾，莫过于错误地坚持和轻易地放弃。我深以为然。

我们总想用"无为"和"庸碌"乞求一点同情，可最终，职场不相信眼泪，爱情不相信眼泪，人生也不相信眼泪。更多时候，我们只能"孤芳自赏"。

我曾对不少刚入学的大学朋友说过，在最珍贵的这段时光里，没有尽最大的努力充实自己，踏入社会后一定会后悔。别等到一切焦虑缠绕成麻的时候，才发觉此时此刻的时间无比珍贵。

从那以后，卢路开始了一段全新的生活：晨起跑步，泡图书馆，去支教，演话剧，报名主持人训练营，还申请了韩国的互换生。最让他欣喜的是，他在大四那年，遇到了心爱的女孩。

人生最遗憾之事，莫过于想要翻身之际，却没有翻身的勇气。好在，只要足够努力，我们总可以抓住时间的尾巴。

不拼一下，所有的遗憾都无法弥补。放手一搏，才是最正确的事情。

那些安于现状的人，稍微一努力，就觉得拼尽了全力。殊不知，原有的舒适区也会崩塌，人生也会重新洗牌。既然如此，何不拼尽全力，与世界豪赌一场？

不逼自己一把，就不知道自己有多强大

01 >>>>

相信看过《极限长板+天路99道弯》的人，都会被视频里的那个挑战者所折服。

这一次，《极限长板+天路99道弯》的摄制团队把镜头对准了张家界的天门山盘山公路。这条素有"通天大道"之称的公路，全长近11公里，海拔高达1300米。更令极限爱好者着迷的，就是它有99个弯道，有的弯道甚至有180度。

挑战者名叫卿云辉，被圈里称为"中国长板速降第一人"。

按照要求，卿云辉要在25分钟之内，从1300米的顶端极速滑下，一旦双脚着地或者摔倒就意味着失败。

大道两侧绝壁千仞，稍有不慎就会跌入谷中。说实话，看着极度转动的滑轮接触地面时摩擦出的火花，所有观众都为卿云辉捏了一把汗。

最后，卿云辉用顽强的毅力，完成了挑战。那种躺在终点仰望蓝天，大口大口喘着粗气的感觉，是最具荣耀感的。

如果不是亲眼所见，真难想象，一个人可以用长板，从"通天大道"滑至山脚。想必挑战者也已抱着视死如归的决心吧。

其实，除了卿云辉的滑板技术，更让人佩服的，是摄制团队的惊人效率。

为了赶时间，摄制团队只用1小时拍摄，用6小时剪辑视频并且当天就出片。当导演刘江被记者问到这次极限拍摄中最大的困难是什么时，他的回答是："由于是在景区拍摄，又正值五一旅游黄金期，只能封路半小时，所以如何快速又准确地拍到想要的镜头和理想的效果，成了拍摄中的最大难题，为此整个公牛团队全力备战，5天只睡了2个小时。"

为了呈现最佳的视觉效果，极限运动摄制团队总少不了上火山，下冰川。在常人眼里不可能完成的任务，在他们看来不过是家常便饭。

如此高效率的团队，与强大的执行力和决心不可分。其实，每个人的身上，都隐藏了巨大的潜力，只是没能充分地发掘出来。我始终相信，在某件事情上还没有成功，一定是还没有开始逼自己。

02 >>>>

电视剧《亮剑》里的李云龙，开始带领独立团时没枪没炮，找旅长申请装备时反被旅长训斥："我有装备我要你干什么啊？你既然有能耐当团长，你就有能耐出去搞枪，要不然你就回家抱孩子去。别在这给我丢人现眼。"

这句话深深地刺激了李云龙。回去之后，李云龙没枪搞枪，没炮夺炮，想尽一切办法把独立团带上了正轨。

把自己逼到绝路，才有绝处逢生的可能。最可笑的是，别人在天上飞，而你依旧在沉睡。

我曾在一本杂志里看过这样一幅漫画。

一个男子走到悬崖边，想要退缩时却发现无路可走，于是他声嘶力竭地喊救命。

就在这时，悬崖对岸有人回应："跳过来吧！"

男子有些惊愕，不敢相信自己可以跳过去："我太了解自己了，根本无法从这里跳到悬崖对岸去。除非有奇迹发生，让我能飞过去或者那块岩石能够延长。"

徘徊犹豫之际，男子发现身后的悬崖正在崩塌，再不跳到对岸，恐怕自己就没有活路了。

不跳注定死亡，迈开双腿或许还有希望。就在男子纵身一跃，以为自己坠入悬崖的时候却发现，在云雾的遮掩下，悬崖之间还有一座石梯，只是不容易发现。

若是没有及时跳出来，破除心理的那道魔障，就不会有绝处逢生的机会。一旦行动起来，或许一切都变得不一样了。

作者"剽悍一只猫"曾说过："越是处于低谷期，人的爆发力越强，弹起来也会越高。因为这时候人才会好好地反思自己，渴望改变。"

那些安于现状的人，稍微一努力，就觉得拼尽了全力。殊不知，原有的舒适区也会崩塌，人生也会重新洗牌。

既然如此，何不拼尽全力，与世界豪赌一场？

03 >>>>

上大学那会儿，我曾在一家培训机构兼职。

那是一家以教师资格证考试培训为主的机构，我负责课程顾问和统筹。

印象最深的，是一个平日里常常和我聊天的大三女生，看到身边的人都在为考证忙碌起来，自己也有些蠢蠢欲动。

一次街上偶遇，我对她说，如果时间充足，并且以后想当老师，趁现在还没毕业，考个教师证再合适不过了。

她的话让我始料不及："其实吧，我平日里挺忙的，要上课，要逛街，要陪闺密和男朋友，还要学音乐和玩滑板……"

我有些尴尬地对她说："要想考证，除了上课，其他的都可以放一放。"

她有些生气地斜觑着说："我不想放弃我的这些爱好。即使现在报了名，考试也不一定过，过了也不见得当得上老师，我才不要听你的呢。"

我瞬间崩溃，无言以对。

这样的三分钟热度，我已屡见不鲜。在竞争无处不在的世界里，要想从万千同龄人中脱颖而出，首要的，就是改变自己的懒惰。

毕竟，除了你自己，没有人可以替你踏上征途，走完余途。自然也不会有人替你下定决心，掷上砝码，哪怕是一丝一毫。

我记得曾经有人说过这样一句话："这个世界上大多数人努力程度之低，还轮不上拼天赋。"

所以啊，只要肯努力，即使成绩没有拔尖，也不至于落后太多。人只要肯逼自己，那么他离成功也就不远了。

与君共勉。

PART 5
愿你特别凶狠，也特别温柔

不是每一个人都可以幸运地过自己理想中的生活，有楼有车当然好了，没有难道哭吗？所以呢，我们一定要享受我们所过的生活。

所有的努力，都会在爱情来临之际汇成一句话：我想活成一个坚强而独立的人，我只要你的爱，面包和牛奶我自己买。

我只要你的爱，面包和牛奶我自己买

01 >>>>

　　某个深夜，表妹突然打来电话，让我有些意外。

　　表妹在上海的一家外贸公司当行政主管，因为颜值不低，性格又好，表妹的身边不乏追求者。

　　记得上次通话，表妹还跟我说起恋爱时的悸动和憧憬，没想到这一次，表妹居然告诉我，她在感情里狠狠地摔了一跤。

　　就在2018年元旦，表妹又被家里人逼着回老家相亲，一天好几十个电话让表妹有些抓狂。说起来，这也情有可原。在家人看来，表妹已经到了该结婚的年纪，如果不是表妹一直拖到现在，在老家早就是孩子的妈妈了。

其实，就在那段时间里，有两个男生都想和表妹确立恋爱关系。

一边是自己的上级，拥有公司的股份，有着吃不完的大餐、穿不完的名牌，到哪都是车接车送，一副光芒万丈的模样；而另一边是她的校友，同是职场新人，在职场中摸爬滚打，虽然日子过得有些艰难，但这个男生足够努力，而且足够体贴。

年轻的心啊，总有一些懵懂。最后，表妹还是选择了前者。

表妹一直以为他会把自己捧在手心，会对她百般庇护。可现实呢，就在表妹对工作开始敷衍了事、懈怠偷懒，以为有了男朋友这棵"大树"就可以坐享其成的时候，仿佛就在一夜之间，男朋友开始对她疏离。当花式告白、送玫瑰、弹吉他唱情歌都成了过去式的时候，一段感情也就接近了尾声。

"条件再好有什么用？自己努力才会心安。"表妹幡然醒悟。

所谓不劳而获、一劳永逸，不过是一个人的幻想而已。就连狗血的影视剧都摆脱不了这样的剧情，嫁入豪门的女子令人艳羡，以为这样就可以安心地做起全职太太，其实早在收起工作服、脱下高跟鞋的那一刻，所有闪光的东西也就此暗淡了。

都说找对人，这个"对"字，不仅是性格合拍，更重要的，是努力同步啊。

好在，表妹及时清醒了过来。那段失败的感情，让她醒悟。一个女孩子，独立自强才能让灵魂挺拔，爱可以让别人给，面包和牛奶一定要自己买。

毕竟，最后成为坚强后盾的，只有你自己。

我曾问同事娜姐："一个女孩子为什么要努力呢？"

娜姐给我的回答是："因为凡是好吃的大餐、好看的衣服都比较贵啊，凡是想去的地方都比较远啊，路是自己走出来的，没人会施舍给你，所有的美好，都要自己去争取。"

我想了想，的确是这个道理。

02 >>>>

电视剧《人间至味是清欢》里，丁人间的发妻林月对丁人间抱怨道："丁人间，我过够了带着你爸和丁满意挤在狭小的房间里，用漏水的淋浴洗澡。甚至，没脸带着同事到家里来聚会。"

对生活品质有高要求的林月一心向往自由，却困于丁人间没钱，实现换大房子的愿望遥遥无期。

没有经济支撑的愿望，有时是无力的。想要得到某件东西，就要用等同的付出来换。不论你是嘶吼咆哮，还是满地打滚，看不到你的诚意，再怎么强求都没有用。

在报社工作的时候，我认识了一个酷爱摄影的杂志编辑，我喜欢叫她樱花姑娘。她有着樱花般温婉清秀的面容，工作起来却不像一个娇滴滴的女生。

接触久了，我就被她打了鸡血的状态所折服。

不管忙到多晚，白天有多累，下班后，她总会第一时间去健身房锻炼，从而保持身材。简单的晚饭后，她就赶回家里写稿子、学英语，睡前认真地保养皮肤，提前把第二天的工作记录下来，把第二天的营养粥放进锅里并定时，按时睡觉。

长期的自律，让她拥有了姣好的身材和健康的体魄。长期的坚持，让她的新书一本又一本地面世，即使采访时全程外语都毫无压力。

杂志社外出摄影，难免有人手不够的时候，她就带头一个人担起几个人的活，搬运箱子，安排服装，布置机位和现场。自始至终，她从未喊过一声累，哪怕当晚忙碌到深夜，第二天还是元气满满的模样。

她微信的个性签名我很喜欢："我只要你的爱，面包和牛奶我自己买。"

虽这样说，可樱花姑娘一直没有恋爱。有一次，我问她为什么不恋爱，她说，爱情这个事情怎么急得来呢？与其苦苦寻觅那个人，不如让自己变得更好，这样或许会少一点对他人的依赖。

单身从来都不是一件坏事情，它更能让你体会到生活的艰辛和孤独的苦涩，从而更加懂得努力奋斗的意义。

辛夷坞曾说过："我认真学习，卖力考试，辛辛苦苦打拼事业，为的就是当我爱的人出现，不管他富甲一方，还是一无所有，我都可以张开手坦然拥抱他。"

成为更好的人，才是获得幸福的前提。

03 >>>>

电影《那些年我们追过的女孩》里有这样一个情景：

柯景腾对沈佳宜说："数学好有什么了不起，我敢跟你赌，10年后，我连log是什么都不知道，照样活得很好。"

沈佳宜笑着说："嗯，我相信。但是，人生本来就有很多事情是徒劳无功的啊。"

如果我们只是想简单地活着，其实并不难。

马斯洛需求层次理论中，食物、水、空气等生理需求排在了最底层，可要想达到顶端的"自我实现"就没有那么容易了。

一个人越是努力，理想的高度就会越高。这也就是一个人拼命努力、非常努力、相当努力、比较努力以及不太努力得到的结果大相径庭的原因了。

黄碧云在《她是女子，我也是女子》中说道："如果有天我们湮没在人潮之中，庸碌一生，那是因为我们没有努力要活得丰盛。"

努力，不止是为了让自己成为一个很厉害的人，更重要的是，这个世界会因为我的努力有那么一点点不一样。

知乎上曾有一个热门话题："人为什么要奋斗？"

其中有一个回答是："因为不奋斗，你的才华如何配得上你的任性？不奋斗，你的脚步如何赶得上父母老去的速度？不奋斗，世界那么大，你靠什么去看看？一个人老去的时候，最痛苦的事情，不是失败，而是我本可以。因为如果你的人生起点不高，不会有人为你走过人生百步中的任何一步。"

长大以后，我们像是被时间推进了战场，要独自一人面对这世间的兵荒马乱。

为此，我们都有过前所未有的迷茫，包括爱情。

懦弱的人，会像鸵鸟一样，把脑袋埋进沙里。勇敢的人，会披上铠甲，握紧手里的武器。

没有人会是你永远的靠山，除了你自己。

如此，所有的努力，都会在爱情来临之际汇成一句话：我想活出成一个坚强而独立的人，我只要你的爱，面包和牛奶我自己买。

爱情是两个人身心的共鸣，不是一厢情愿，更不是你追我赶的比赛。如果不爱，即使两个潮湿的内心贴得再近，也难有升温的那一天。所以，爱了，就请用力一点。

如果爱我，就请用力一点

01 >>>>

一次聚餐，和几个朋友玩真心话大冒险，李姑娘被问到："这是你交的第几个男朋友？"

要是换作别人，可能会尴尬得说不出话，这个姑娘却一脸轻快地说："不瞒大家，这是第五个。"

那时，李姑娘的男友就坐在身边，从两人的亲密程度来看，他们是真心相爱。

后来听人说起，李姑娘的情感之路十分坎坷，深爱的人纷纷离她而去。她一次次地陷入爱河，却又一次次地伤痕累累。其实，李姑娘长得并不出众，家境也不是特别好，但从小到大都是大家眼里的乖孩子和好学生。人常说，走出校园，仅仅靠努力就能成功的事情越来越少了，爱情也是如此。

有一次，我跟李姑娘开玩笑："人海茫茫，你的真命天子到底在哪里啊？"

李姑娘的回答让我始料未及："我不知道谁会陪我走到最后，我只知道每一段感情都来之不易。既然爱了，那就用力去爱，即使有一天分手了，我和他之间还有美好的回忆。"

李姑娘的话，让我想起《被嫌弃的松子的一生》里，那个一次次为爱受伤却始终渴望被爱的松子。她的渴望，她的不顾一切，催人泪下又发人深思。

我很喜欢一句话：我不管晴天还是雨天，只要有你在，就是我生命中的每一天。如果爱我，那就珍惜我们在一起的朝朝暮暮。

阴晴圆缺无关紧要，要的就是你在我手边的温度。

02 >>>>

据说歌手陈升曾开过一场特别的演唱会，叫"明年你还爱我吗？"

这场演唱会的特殊在于，提前一年售票，而且只卖给情侣。

一张门票被分为男生券和女生券，一年之后，两张票券合在一起才能生效。也就是说，今年相爱的情侣，如果到了明年依旧相爱，才能一同观看。

明年你还爱我吗？一个看似简单的疑问，却总是那么令人心碎。

到了第二年，陈升专设的情侣专座，果然空了不少位子。面对稀稀寥寥的人群，陈升含泪唱完了那首《把悲伤留给自己》。

一年，12个月，365天，8760小时，525600分钟，31536000秒，时间那么短，却留不住一个人的爱。

也许是因为不够爱，也许是因为爱情败给了现实。最终，所有掏心掏肺的付出和海誓山盟都一去不回。

爱情是两个人身心的共鸣，不是一厢情愿，更不是你追我赶的比赛。如果不爱，即使两颗心贴得再近，也难有升温的那一天。

所以，爱了，就请用力一点。

03 >>>>

上初二的时候，我留校住宿。和我同一个宿舍的，还有正读高三的安北。

高考的前一天，我和安北躺在铁架床上闲聊，还探讨了一番自己的爱情观。

那时，我才15岁，情窦初开的年纪，对爱情还比较懵懂，可我仍然觉得选择一个爱自己的人比一个自己爱的人更明智。

安北问我为什么这么说，我支支吾吾了好久，都没有说上来。

后来，安北考上了一所外省的师范院校，我也紧追其脚步，考上了同一所院校。

那一年，安北已在上海工作，我才刚上大一。

我和安北重逢，是大一那年的暑假，我去上海旅游，顺便看了看安北。我们在市井小巷里撸串，啤酒一杯续着一杯，话题也接着几年前的"铁架床卧谈"续上了。

我问安北："是否遇到了爱你的那个人？"安北静静地看着人群，不知该如何说起。我又问："那你遇到了你爱的人？"安北苦笑："哪有什么爱你的人和你爱的人，即使是两情相悦，也抵不过赤裸裸的现实。"

后来才知道，安北有过一段刻骨铭心的恋爱，女孩比安北大一届。都说，毕业季即分手季，女孩去了深圳，而他决定去上海打拼，从此两人再也没有见过面。多少次他想去找她，都被她拒绝。结局是两人因为不可调和的矛盾，不欢而散。

"大学就开始，4年多的感情说没就没了……我对她的好连她闺密都羡慕，在她最窘迫的时候，我把自己的生活费给了她，交房租、买正装，自己只能拿之前存的硬币吃小面。后来她的家人和朋友纷纷不看好我们，我一个大男人，为她哭得稀里哗啦，都无法挽回，我不怪谁，要怪只能怪我们缘分太浅。"

我顺手点开安北QQ里的个性签名，好久都没有变过："原以为我是你的全世界，最终，我不过是从你的全世界路过。"

我们都渴望一段善始善终的爱情，可如何面对未知的未来，如何面对世事的汹涌，我们似乎都无法看清，也没有做好准备。

迷离的夜光下，有太多的买醉、太多的嘶吼、太多的挽留和太多的撕心裂肺。

如果爱我，那就趁现在。

04 >>>>

电影《后会无期》里，韩寒说："每一次告别，最好用力一点。多说一句，可能是最后一句。多看一眼，可能是最后一眼。"

越来越觉得，所谓的"永远"就是当下。当然，爱情也是。

我不在乎你明天爱谁，下辈子是否依旧爱我，我只在乎此时此刻，你是否在我身边。

我曾在车站亲眼看见女孩和当兵的男友告别的场景。女孩紧紧地抱着男友，眼里满是泪花。

这次分开，可能就意味着好几年无法相见，也可能意味着女孩最终会在家人的催促下嫁为人妻，这一次就是永远的离别。

记得《雪绒花》里这样唱道："为了爱，那就请你用力抱紧一点，享受最后一次温暖感觉，既然爱了，就要勇敢一点，管不了这世界太多风险。"

昨天，已成过去；未来，还未到来。

此时此刻，就是一切。

如果爱我，就趁现在，用力一点，再用力一点。

我们都试着跟自己和解，哪有什么最爱的人，哪有什么离开之后自己就活不下去的人。时间会悄悄地告诉你，凡是失去的人，都不是最爱，离开之后，反而成全了更好的你。

去爱吧，就像从来没受过伤一样

01 >>>>

前不久，薇姐的前男友结婚了，朋友圈还发了结婚证的照片。我们都义愤填膺，唯独薇姐风轻云淡地回了句："祝他幸福吧。"

薇姐的前男友曾是我们的同事，1.83米的大高个，秀气的面庞上戴着金丝眼镜，走到哪，都会引起女生的注目。

公司规定员工之间不能谈恋爱，可他们还是偷偷地相爱了。都说宁毁一座庙，不拆一桩婚，大家都愿意为他们保守这个秘密，因为看到他们在一起的甜蜜，真不忍心拆散他们。

从浪漫告白，到约会、逛街、看电影，一切都来得太快了。薇姐完全沉浸在幸福的海洋里，浑然不知男友悄然间变心。

爱你时，想方设法地讨你开心。不爱你时，万般挽留都是疲惫。那句"或许我们不合适，别浪费青春在我身上了"，让薇姐难以接受。

那个晚上，薇姐独自一人在街上走着，漫无目的，像丢了魂。那种感觉，大概就是被人海包围也觉得孤独，看喜剧也会哭。

当晚，薇姐发了一条说说："我一直以为妥协一些将就一些，这个世界就会为我让出一席之地。后来才知道，你永远无法感动一个不爱你的人。"

所有人的心都突然紧绷了起来。

跟喜欢的人分开是一种什么感受呢？薇姐说："以前觉得很可爱的表情包再也不会分享给任何人了，遇到再好看的风景也不会拍下来了。忍不住看他的照片和短信，听他喜欢听的歌，眼泪却忍不住一次次地流，最后索性删掉所有有关于他的回忆。从此以后，再也不会花光所有的力气，去爱一个人了。"

所有的信誓旦旦，最终，只剩下心如刀割的疼。那些苦涩、委屈、不甘、无力感，交织成一团乱麻，裹成一个球，拥堵在心里找不到头绪，无从说起。

可我们依然要相信爱情。

不属于自己的东西，就像带着刺的玫瑰，再去强求，只会弄疼自己。

所以，我们试着跟自己和解，哪有什么最爱的人，哪有什么离开之后自己就活不下去的人。时间会悄悄地告诉你，凡是失去的人，都不是最爱，离开之后，反而成全了更好的你。

<h1 style="text-align:center">02 >>>></h1>

　　新片场"MagicTV"曾出品过一部短片《如果失恋就是世界末日》。

　　随着旁白"如果失恋就是世界末日，那我要在末日前学会很多事"缓缓响起，一个女孩的诉说也随之展开。

　　"我要学会接受自己不快乐的样子，学会不再为迎合他的喜好而打扮。学会善待自己的肠胃，而不只是费心琢磨他的口味。学会投入到与他无关的事情里。学会一个人看电影，悲喜由自己。学会自己打包行李，将心情随意摆放在外面的世界里。学会一个人睡得安稳，不在夜里为他辗转反侧。在失恋末日前，学会与自己相处。从此，笑给自己看，哭给自己听。"

　　当失恋不可避免，比悲痛更重要的，是跟自己和解，从而变得更加坚强和独立。

　　当离开不可避免，我们无需挽留，不爱就是不爱了，何必展露连自己都不想多看一眼的不堪和丑态。

等你自己强大起来，你会发现，完全不是你配不上他，而是他根本配不上你。你不过是失去了一个错的人，这或许，也为你开启了一段正确的人生。你的人生一个人就足够熠熠生辉了，也不是强求非要谁同行不可。

所以啊，不要爱得太卑微。

03 >>>>

电影《失恋33天》里有一个场景让我印象特别深刻。

黄小仙在酒吧里喝醉，服务员把她的前男友陆然叫过来送她回家。临走时，陆然把自己所有的愤懑都宣泄了出来——原来，在此之前，黄小仙总是一副高高在上、趾高气扬的姿态，即使吵架了也从不给他台阶。

路上清醒了一些，黄小仙又恢复了剑拔弩张的状态。

听着陆然的话，黄小仙执意让陆然先走，可还是在出租车开走的瞬间泪崩，拼了命地去追出租车。

她哭喊着，心里已经知道自己做错了什么，求他再等等她，不要放弃她："我不再要那一击就碎的自尊，我的自信也全部是空穴来风，我要让你看到，我现在有多卑微。你能不能原谅我？"

王小贱看到后，一个巴掌彻底打醒了她。

黄小仙说："世上最肮脏的，莫过于自尊心。"对啊，世界上最圣洁的东西，却也是最肮脏的。

既然无法融入在一起，无法平等地交流，那么分开或许就是最好的选择。

谁也不用为谁肝肠寸断，谁也不用为谁彻夜难眠。就这样吧，把一切交给时间。

黄小仙失恋后的那段日子，整天蓬头垢面。她的老板说了一段话："最近是不是没好好吃饭没好好休息？就是因为失恋了，芝麻大点事儿，什么心理素质！二百五的脑子加林黛玉的心就是你。

"要是我女儿失恋了，哭着来找我，我就带她去买漂亮衣服，带她吃最好的东西。要什么给什么，失恋有什么大不了的，美酒美食，它不能停止了供应。说句俗的，时间能治愈一切，虽然我无法告诉你时间有多长。"

以前隔着人群远远地望着你，就想啊，这个人对我这么好，现在却不是了。可那又有什么关系呢？我们又有了新的生活，那些伤心、怨恨、愤怒和悲哀也总会有一天烟消云散。

戴爱玲唱的《对的人》："爱要耐心等待，仔细寻找，感觉很重要。宁可空白了手，等候一次，真心的拥抱，我相信在这个世界上，一定会遇到，对的人出现在眼角。"

受了伤，那又怎样？要相信，对的人一定会出现，就在未来的某个转角。

感谢你来过，也不遗憾你离开。

最高级的美，从来都不带有任何虚荣，也从来不是为了取悦任何人。一个人的颜值并不意味着一切，它只是视觉上的短暂感受。无论你长成什么样子，都愿你活出自己的精彩，成为自己的英雄。

看脸的时代，比爱美更重要的是爱自己

01 >>>>

有一个要好的朋友对我说："作为一个女生，如果形象价值百万，那么气质修养就价值千万。"

我问为什么，她说了一个自己的故事。

刚来公司上班那会儿，她被安排住在员工宿舍。

说起员工宿舍，不过是在某个阁楼里添置了几张床和简单的家具，空间不算大，采光和空气却非常好。

那是她第一次住员工宿舍，收拾行李的时候，还对宿舍的生活充满了期待。可令她没想到的是，在入住的当晚，她就怒火中烧地离开了。

原来，同宿舍的一个女生过于邋遢，没有人愿意和她同住。

床上、桌子上和地上都是各种零食包装袋，垃圾、衣服、鞋子、生活用品杂乱地堆在一起，还没开门就能闻到一股恶臭味。

我常常听到一句话："世界上没有丑女人，只有懒女人，只要你勤快用心，就能成为女神，成为人人都爱的精致女孩。"

真没想到，一个二十来岁的女生，竟住在如此糟糕恶劣的环境。听其他同事说，平日里女生从不打扮，也不化妆，甚至好几天都不洗澡，衣服、袜子好几天都不换，更别提什么爱美了。这或许和一个人的自信有关，而一个人的形象，是可以决定一个人是否自信的。

后来，朋友把这件事情反映给了领导。在领导和朋友的鼓励下，女生接受了化妆的建议。当女生以光彩照人的模样再次出现时，连她自己都吓了一大跳——原来自己也可以这么美。

从那以后，女生一改往日邋遢的生活习惯，开始打扮自己，工作起来也更加自信了。

丑小鸭变成白天鹅，改变的，远不止形象这一点。

02 >>>>

漂亮重要吗？当然重要。

更要认清一点的是，女人之间口耳相传的漂亮，和男人眼里心照不宣的漂亮并不完全对等。

著名女演员奥黛丽·赫本说："美丽的眼睛能发现他人身上的美德，美丽的嘴唇只会说出善言，美丽的姿态能与知识并行，这样就永不孤单。"

也许，你会抱怨命运的不公。为什么有的人天生一副骄人的脸蛋，自己却总是被别人冷落。然而，命运总是在关上门后，又为你打开了一扇窗。若是有人可以欣赏你的知识、你的性格、你的阅历，最后为你着迷，那才是莫大的荣幸。

并不否认，长得好看会带来诸多的顺境，但单凭"好看"并不能一步登天。那些迫不及待地要在自己脸上动刀的人，不过为了迎合这个世界的审美。

当锥子脸、大眼睛成为标配审美后，多少可爱动人的女孩，硬是把自己整成了网红脸。原本就很好看的姑娘，硬是花了8年的时间，在脸上动了无数刀，最终整成了明星的翻版，这样的新闻早已屡见不鲜。

身体发肤，受之父母，不敢毁伤，孝之始也。如果一味想要满足自己的虚荣心，就注定永远活在别人的眼光中。最高级的美，从来都不带有任何虚荣，也从来不是为了取悦任何人。

一个人的颜值并不意味着一切，它只是视觉上的短暂感受。

无论你长成什么样子，都愿你活出自己的精彩，成为自己的英雄。

03 >>>>

在这个看脸的时代，比爱美更重要的是爱自己。

一个人的外貌固然重要，但别忘了，内在修养同样重要，甚至更重要，而内在修养就取决于一个人后天的努力。

有一个新闻说来有趣，男生因为女生长相好看，终于把女方追到了手，可最后还是提出了分手。究其原因，是女生过于懒惰，多年养成的邋遢习惯，破灭了男生所有美好的幻想。

男生义愤填膺地对记者说，只要自己一个星期不回家，家里就会脏乱得连个站脚的地方都没有。只要时间稍微晚一点，大热天她也可以不洗澡就睡觉。因为洗菜常常洗不干净，吃饭时常会吃到沙子。因为油烟机的油垢实在太厚又懒得清洗，所以即使开着也起不到作用，一烧菜就满屋子油烟。因为不常倒垃圾，垃圾桶里常常长毛，连找到一个干净点的杯子喝水都是个问题。

一段关系的破裂，并不单单是某一方的责任，而只要某一方恶习缠身，肯定会让对方难以接受。

想一想，房子是自己的，身体是自己的，吃下去的饭菜也是自己的，为什么不多爱自己一点，对自己好一点呢？

从来没有爱过自己，就别怪生活不如意，就像《成为简·奥斯汀》里的一句话："不在任何东西面前失去自我，哪怕是教条，哪怕是别人的眼光，哪怕是爱情。"

爱自己，就要努力做一个自己喜欢的人，无论何时何地都让自己足够耀眼，值得被别人爱。一个连照顾自己，爱惜自己都不会的人，又怎么能奢求别人来爱你呢？

毕竟，爱自己才是活出自己的开始呀。

我们都渴望一段善始善终的恋爱，可恋爱除了快乐和感动，也一定有不为人知的苦楚。光吃甜会腻，尝过苦才会更懂得甜的不易，不是吗？

接受欣喜，更要接受责难

01 >>>>

在肯德基认识的甜筒姑娘，说起过这么一个故事。

一对情侣相恋多年，就在男生带女孩见父母的那天，男生的家人万般阻拦，理由很简单，女孩因为一次意外失去了语言功能，说话只能靠哑语，而家人都无法接受这样的媳妇。

那晚，家里闹得很不愉快，砸电视、摔东西，整个小区都传得沸沸扬扬。

一边是父母，一边是自己心爱的女友，男生陷入了两难。郁郁之下，男生把自己反锁在屋子里。谁的电话也不接，去公司也找不到人。

甜筒姑娘是一档街访节目的主持人。女孩非常喜欢这档节目，想求助她，一番周折之后果然找到了甜筒姑娘。

起初，甜筒姑娘有些迟疑，可看到女孩焦急的样子，不禁动了恻隐之心。给男子打了好久的电话，才终于接通。在甜筒姑娘的好言劝说下，男子愿意去和父母沟通，试着去说服家人。

说到这，甜筒姑娘有些义愤填膺："这个男生真有点不负责任，父母不同意那就试着去说服呗，哪有躲起来不去解决的？那女孩哭得梨花带雨，眼睛都哭肿了。"

"那后来呢？"

"我劝男生去沟通了好几次，男生的家人才愿意试着接纳。相比于躲着不去解决，这已经是一大进步了。想想看，哪有一段感情是一帆风顺的啊，唐僧取经都要经历九九八十一难呢。"

我们总是向往热恋时的你侬我侬，喜欢听到情到深处的海誓山盟，却在最需要坚持的时候打了退堂鼓。

不是说爱情可以战胜一切吗？为什么最终你却落了单？

男生的努力没有白费，以至于到了后来，父母听到了邻里的闲言碎语，哪怕是再尖刻的嘲讽，都把这个女孩当成了一家人。

再后来，女孩去医院做了手术，病情也在一点一点地好转。再也没有人在背后说风凉话了，最后有情人终成眷属。

罗振宇在《奇葩说》里说过这样一段话："成长就是你主观世界遇到客观世界之间的那条沟，你掉进去了叫挫折，爬出来了叫成长。"

感情也是一样啊。掉进去了，叫失败，爬出来了，叫善终。

我们都渴望一段善始善终的恋爱，可恋爱除了快乐和感动，也一定有不为人知的苦楚。

光吃甜会腻，尝过苦才会更懂得甜的不易。

难道不是吗？

02 >>>>

电台的《今夜不寂寞》节目，主持人张明接到了一个男生的来电。

男生说，自己和女友大学时就恋爱了，毕业后两人去了不同的城市，感情也因为分处异地，一点一点地变淡。原本男生准备忙完这一阵子就去找她的，可还没等他开口，她就提出了分手。

"张明老师，我到底是努力把她挽留，还是就此放手给她自由？"

"是否挽留这样的问题，还是要看你自己。"

"其实我也知道，我现在唯一能做的，就是加倍努力，让自己变得更好，这样有一天她愿意回头了，就能遇到一个更好的我。只是，我担心她万一不回头呢？"

"首先你要确定一点的是，如果她真的不再回头，你还愿意成为更好的自己吗？如果愿意，那就加倍努力呗。试想，不努力是不是一点希望都没有，努力了是不是还会有希望？"

男生如梦初醒。

我见过最伤感的一句情感语录是："这里荒芜寸草不生，后来你走过一遍，奇迹般万物生长，这里是我的心。"之所以伤感，是因为倒过来读，会撕心裂肺。

所有的美好都来之不易，包括爱情。

那些撕心裂肺，那些颠沛流离，也一定会成就更好的你。

03 >>>>

如果有人问我，最喜欢都市情感剧的哪个角色，我一定毫不犹豫地回答《咱们结婚吧》里的杨桃。

有一类男人，打着愿意带你玩，愿意给你花钱的旗号，却不是真爱你。他们总爱打着真爱的幌子，来欺骗一个个被爱情冲昏了头脑的姑娘。杨桃就是受害者之一。

杨桃的前男友李威，不仅害得杨桃的闺密怀孕流产，还害得杨桃不得不为他还几十万的外债。

明明对方很爱自己，为什么一夜之间就成了陌生人？此时的杨桃，就像折断了双翼的鸟儿，跌入了深不见底的谷底。

哀莫大于心死，杨桃花了很长一段时间，才从伤害中走出来，一个人顶着巨大的压力谨小慎微地活着。更令人心痛的是，杨桃因为年龄偏大，被酒店解雇，一时间没有了收入，日子变得捉襟见肘。

好在杨桃没有一蹶不振。

因为对婚纱设计颇有兴趣，从大学开始，她就开始关注这门技艺，这为她新的职业生涯打开了一扇门。

不久后，杨桃在果然的帮助下，被一家婚纱店录用。出色的技艺，再加上多年来积累的酒店管理经验，婚纱店被她经营得风生水起。

让我印象最深刻的，是杨桃去见果然的父母。在果然的妈妈故意为难杨桃的时候，杨桃并没有生气，而是配合果然一起说服她。

如意之处一定有它的不尽如人意，可这样的生活才有意思啊。我们总要经历一些风雨，才懂得晴朗明媚的来之不易。

世界不能满足你所有的幻想，但依然不妨碍我们热爱它。

> 一个女生的安全感，不在于退而求其次的得过且过，也不在于放纵自己的逍遥自在，而在于看清现实后的浴血奋战。

只有经济独立，才能获得真正的安全感

01 >>>>

知乎里有这样一个热门问答："一个女生为什么要努力赚钱？"

其中获赞最多的一个回答是，女生最大的安全感来自于自身的奋斗，要知道，除了你自己，没有任何人会给你安全感。

听过太多姑娘抱怨："我真是命苦啊，总是有干不完的活、加不完的班，要是我能遇到一个又帅又有钱的霸道总裁就好了，总有花不完的钱、吃不完的大餐、度不完的蜜月……"可现实呢，从来都不是电影和小说，大梦初醒后，人们还是要为下一顿饱饭而劳碌。

于是就有了："一个女生那么拼命赚钱干吗呢？找个好老公嫁了岂不是更好。"

"一个女生把自己整那么累，大好的年华不去享受生活就浪费了。"

"还是安稳一点比较好，女生有一个普通稳定的工作就不错了。"

诸如此类。

在我看来，这些言论既无知又好笑，不过是麻痹自己的托辞罢了。

要知道，一个女生的安全感，不在于退而求其次的得过且过，也不在于放纵自己的逍遥自在，而在于看清现实后的浴血奋战。

02 >>>>

电视剧《我的前半生》曾引起不少观众的议论。

马伊琍饰演的罗子君始终抱着"你负责赚钱养家，我负责貌美如花"的观念，婚后做起了全职太太。

孩子有保姆接送，吃饭喝水都有保姆伺候，穿的是奢侈的衣服，用的是比一般人都要贵上好几倍的化妆品。

罗子君的养尊处优，让无数朋友艳羡不已。在她看来，这不就是所有女孩都想要的生活吗？可以在同龄人面前独树一帜，有着大把大把的钞票去挥霍，根本不用再为工作而辛苦，更不用为生计而发愁。

可是，这样的日子没过多久，罗子君就开始发现自己已经脱离了社会。与此同时，罗子君和爱人之间没有了共同语言，最后他们矛盾不断，在一片哗然中离婚。

其实，罗子君和唐晶一样受过高等教育，也有机会像她一样在职场里披荆斩棘，最终成为职场女神。让结果大相径庭的原因是，婚后的罗子君开始沉溺这种优渥，不再愿意去努力拼搏，最后因安逸退化了双翼，再也没有能力飞翔。

罗子君被抛弃后，幡然醒悟："男人都会在结婚时，对女人说'我养你啊'，这真是一颗男人骗女人吃下的毒苹果。你越相信，中毒越深。而我中了这个毒10年，10年后发作了，我已经无可救药了。"

是啊，两个人在一起，进步快的那个人会甩掉那个原地踏步的人。不用抱怨人心的冷漠和世事的不公，因为这是一个人的本能。

后来，罗子君把一切归零，又重新回到了职场，在一群朋友的帮助下，再次过上了独立的生活。

剧中唐晶有几句话说得十分中肯：当你吃的喝的用的，都是男人给的时候，就没有了自己的话语权。

为了捍卫自己的话语权，就要经济独立，不攀附任何人。不求人前显贵，至少可以挺直腰板地说："离开了你，我一样可以养活自己，过得很好。"

世人常说，岁月催人老，美人也挨刀。

作为女人，即使有一个把你捧在手心的男人，安全感也要靠自己去争取，因为你自己不努力，没有人能给你真正想要的生活。

03 >>>>

2017年播出的《傲骨之战》，被公认为是最好看的美剧。《傲骨之战》里，由美国著名演员克里斯汀·芭伦斯基饰演的黛安是一位在律政界叱咤风云的人物。就在退休前两周前，她突然被告知，之前所有积蓄投资到的一个基金会，只不过是一个骗局。于是，她的资金被全部冻结，去普罗旺斯买套别墅安度晚年的计划也成了泡影。

破产后的黛安不仅陷入了巨大的经济纠纷和友谊裂痕，而且丈夫出轨，婚姻也即将走向破灭。

在婚姻、友情、财务通通陷入危机的时候，所有人都认为黛安会心灰意冷，甚至会一蹶不振。而事实上，黛安很快就再度创业，依旧打扮精致地出现在朋友和同事面前。

坦然接受生活强加的不幸之后，她依然选择去努力挽回。她深知，在一无所有的际遇下，安全感要靠自己去争取。在无所依靠的时候，努力赚钱再次成了她的铠甲。

旁观者越是幸灾乐祸，你就越是不要让他们得逞。因为把安全感握在手里的人，从来都不怕人生重新洗牌。

现实总会有很多无奈，很多时候，我们不知道不幸和明天哪一个先到。好在，在所有不幸来临之前，我们早已做好了冲锋陷阵的准备。渐渐地，我们不再害怕孤单，不再胆怯，一种叫作安全感的东西，自然随我们闯荡。

与其如履薄冰，谨小慎微地活着，不如敞开心扉，洒脱地过活。

毕竟，我们来到这个世上是为了活出自己，而不是和任何人比较，更不是为了迎合别人，让自己变成令人讨厌的模样。

总用自己的眼光去评判别人，那是耍流氓

01 >>>>

直到一次去娜姐家里做客，我才知道娜姐竟然如此热衷于绘画。

看到桌上、墙上满是娜姐的作品，还有举办个人画展时的照片，很难想象，平日里对待工作废寝忘食的娜姐，还有这样的精神桃源。

望着那些作品，娜姐跟我说起了她的过去。

其实从幼儿园开始，娜姐就对绘画情有独钟，只要是美术课，她总是拿最高分。只是，家人对她的兴趣不够重视，他们眼里只有学习成绩。

报兴趣班，家人拒绝；报考艺校，家人反对。

好不容易考上了大学，有大把时间培养兴趣了，她又被一些朋友取笑。世俗的眼光，把美术误解成一种烧钱却没有前途的事情。

娜姐没有在乎那么多，一有空就勤加练习。大一那年的寒假，娜姐兴致盎然地在网上买了一幅数字油画。所谓数字油画，就是在固定的格子里涂上相应的颜色，待颜色涂满，就是一幅完整的油画。数字油画虽然不难，但它需要一定的耐心和持之以恒的努力。看着作品在自己的努力下渐渐成形，娜姐像是完成了一项大工程，那种成就感无以言表。

油画完成的那个晚上，父亲不仅没有称赞鼓励，反而对她大发雷霆："干点什么不好啊，非要画油画，又画不出什么名堂，养活不了自己。"娜姐刚想辩解，就被父亲打断了："画这玩意儿多耽误时间啊，要是真喜欢，还不如直接去市场买一幅。"

都说兴趣需要培养，梦想需要鼓励。可娜姐的家人，直接给她泼了一盆冷水。那种有苦难言、有口难辩的滋味，想想都令人心酸。

一句小小的鼓励，可能会在一个人的心里放大千百倍。而一句有口无心的偏见，也有可能在一个人的心里放大千百倍，甚至更多。

好在，娜姐并没有放在心上，别人再有偏见，她依然热忱不减。

这些年，娜姐一直在绘画的路上努力钻研，对她来说，这不单单只是一个兴趣，更是一种情操的陶冶。

一个人的偏见，往往来源于无知。就如金星在《掷地有声》里所说："偏见往往是因为不了解并止步于不了解，要赶走偏见，就别轻易在了解之前轻易下判断。"

有些人，总喜欢用自己的眼光去评断别人，却从未真正反思过片面的评价带给别人的伤害有多深。

02 >>>>

读名著《傲慢与偏见》的时候，我用本子记过一句话："偏见让你无法接受我，傲慢让我无法爱上你。"

谁都无法用片面的评判给一个人下死刑，可总有人把无知当纯洁，把偏见当原则，把愚昧当德行。

记得雯雯刚来公司上班的第一天，刚介绍完自己来自某地的时候，就有人当众哈哈大笑："听说你们那的人喜欢偷井盖，你有没有偷过？"

这一笑不要紧，所有人都跟着一起笑了。再看雯雯，思绪完全被打乱，眼睛里似乎还有眼泪在打着转。

后来有一次和雯雯闲聊，她仍然心有余悸："我也知道是开玩笑，可还是给我留下了阴影。那天大家一笑，我真想找个地缝钻进去。"

了解真相的渠道变多了，愚昧的偏见变少了吗？

可惜没有。

这个看着并不友善的社会，总有人以恶意评判别人为乐，并不在乎所谓的评判是否真实。

仔细一想，我们确确实实生活在无尽的偏见里。学美术被评判为没前途，学音乐被评判为乱烧钱，学园林被评判为种花草，学法律被评判为爱找茬，当幼师被评判为只是陪孩子随便玩玩，当公务员被评判为聊天喝茶嗑瓜子，当律师被评判为赚的都是黑心钱……

随意用自己的眼光去评判别人的做法，不就是在耍流氓吗？

这样妄下结论和恶意揣测只会让这个世界越来越不美好。

03 >>>>

自从清欢从事自媒体写作后，朋友就对她的工作产生了不少偏见。

有人说，这钱可真好赚，足不出户，门槛还低，随便复制粘贴1000字，再瞎掰1000字，一个月收入就能破万元。还有人说，想睡就睡，想玩就玩，可以聊天一整天，还不用被人管。

可又有多少人，真正了解一个自媒体工作者的难处呢？

为了不让稿件断更，他们要半夜起来追热点。为了提高文章曝光量，他们要埋头整理数据，找到读者的兴趣点。为了提升文采，他们要不断学习写作方法，力求把文章写到最完美。甚至为了一个标题，哪里顾得上睡觉，10天中有9天都是朋友圈里的熬夜冠军。

其实，最煎熬的，就是竞争愈来愈大的自媒体圈。没有人同行的孤独，没有人理解和支持，所有的苦楚也只能自己一个人承受。

我很喜欢清欢的文字，她笔下的故事总会给人一种温暖的感觉。从她的文字里，我获得了不少力量。

真正见过世面的人，才不会轻易去评判别人，因为他们更懂得慈悲和宽容。只有苛刻和狭隘的人，才会简单粗暴地为不同的人标上并不属于他们的标签。

想一想，知人且不评人，更何况是对不了解的人呢？

曾有一个姑娘对我说："我从不发朋友圈，不是不会用，而是因为胆子小，害怕别人的目光。"

我劝慰她说，要表达自己的时候，绝不要轻易退缩。更何况发朋友圈不是为了取悦别人，而是为了取悦自己。

与其如履薄冰，谨小慎微地活着，不如敞开心扉，洒脱地过活。

毕竟，我们来到这个世上是为了活出自己，而不是和任何人比较，更不是为了迎合别人，让自己变成令人讨厌的模样。

PART 6

晚安，这个残酷又温柔的世界

请善良地对待每一个人，因为每个人都在与生活苦战。如果真正想要了解他们，就需要用心去看。

不同的人自然有不同的心境、不同的经历、不同的角度以及对事物不同的感知力。所谓的感同身受，有时，不过是一场痴人说梦。所以啊，当你开始理解不被理解，所有的委屈也就烟消云散了。

世间凉薄，别奢求所有人都对你感同身受

01 >>>>

高中毕业那年的寒假，班长组织了一次聚餐，还邀请了不少老师。

为了这次聚餐，班长提前一个月就通知了大家，一再提醒所有人不要迟到，可我还是因为一场事故迟到了。

班里其他人都聚齐了，只有我落单了。

我的手机响个不停，所有人都催我快点来，可我没有办法啊，我被一辆货车刮伤后，被送到医院做了包扎。

等我赶到酒店的时候，大家都已经酒过三巡，菜过五味了。

因为我的缺席，班级始终是不完整的。于是，就有人

开始说风凉话："不就是成绩好点吗，还摆起架子了。""就是啊，听说他把班群都退了，班长为了联系上他可没少折腾。"

我听着这些猜忌，一种难以言表的感受涌上心头。

最让我心痛的，是没有人为我担心，也没有人替我考虑。这些恶意的猜忌让我再次受伤。

这种感觉大概就是，整个世界都抛弃了你，踽踽独行的孤独感和不被理解的失落感紧紧围绕着你。你在黑暗中行走着，他们在光明的远处嘲讽着你。

02 >>>>

《马男波杰克》里有一句台词我很喜欢："你知道大家的问题是什么吗？他们只想听自己已经相信的事，没人想知道真相。"

也许，有些人就是习惯了这种思维方式，不喜欢你，从一开始就已经注定了。

当了班委就被认为拿回扣，自己做饭就被认为是省钱，没及时回消息就被认为是假清高，穿得性感就被认为是勾引别人。

天呐，被人理解真的好难啊。

既然如此，何必在意那么多？

人活着，本就不易，还是多取悦自己一点吧。

03 >>>>

不要妄想改变世界，努力不被世界改变就已经足够了。

纵然你有你的管中窥豹，我有我的浩然正气、正义凛然。我不想藐视你的思想，你也休想诋毁我的世界。

汪曾祺老先生曾在书里写过这一段有趣的对话。

凡花大都是五瓣，栀子花却是六瓣。山歌云："栀子花开六瓣头。"栀子花粗粗大大，色白，近蒂处微绿，极香，香气简直有点叫人受不了，我的家乡人说是"碰鼻子香"。栀子花粗粗大大，又香得掸都掸不开，于是为文雅人不取，以为品格不高。栀子花说："我就是要这样香，香得痛痛快快，你们管得着吗！"

是啊，活给自己看，哪需要那么多理由？

为自己而活，才是情商里的最高级境界。

我听朋友说起这么一个故事，一个记者采访世上最年长的老人，问他长寿的秘密。老人说："大概是因为我不喜欢争论，凡事都习惯接受别人的意见，顺从别人的想法吧。"

记者接着问："不可能吧，凡事不能坚持自己的主见，人生岂不是很乏味？"老人沉思了半晌说："嗯，或许你说得对。"

我们不得不承认，长大的过程中总会伴随着种种误解和委屈。当我们没能达到理想的预期时，就会听到诸如父母的不支持、朋友的不理解以及路人眼中的不成熟之类的话。我们总想要做到别人眼中的最好，却忘记了自己最渴望的模样。

为自己而活的那个你，才是最真实的那个你。

04 >>>>

记得两年前，欣然收到了一家出版社的约稿，并要求她在两个月之内完稿。那时，欣然在一家网络公司上班，因为业绩突出，她被安排到大连管理分公司。几年的写作经历，让她在各大平台上积攒了不少人气。

收到这个消息，欣然惊喜中有些犹豫。一边是刚刚带起来的团队，另一边是出书的梦想，要想集中精力写出好作品，就要付出大把的时间，可平时工作那么忙，哪里还能兼顾写作呢？

欣然想到了辞掉工作，回到内蒙古老家专心写作。

这个想法刚一提出，就被公司拒绝了。分公司刚成立不久，需要一个人担起重任，鼓舞人心。在所有同事当中，欣然是最佳的人选，公司自然不会让她离开。

不管是在台面上，还是在私底下，说她傻的，说她少根筋的，说她夜郎自大的，比比皆是。

可最后，欣然还是请了长假，回到了老家。

那是一个写作者的梦，是无数写作者翘首以盼的梦。也许只有真正热爱写作的人才会明白，心中的那团火焰一旦燃起，会释放多大的热情。

没有做出成绩之前，往往不被看重，不被理解。可当你有一天载誉归来，所有的不被看重和不被理解都会不攻自破。

我始终相信，刻意去找的东西往往是不易找到的，世间万物的来和去，都有其固有的时间。

被人误解，多一句解释都是掩饰；被人看轻，多说一句都是取悦。与其争论不休，不如先把事情做出来。

自己足够强大了，就没有什么人或事能左右我们了。

朴树在《那些花儿》里唱道："有些故事还没讲完那就算了吧，那些心情在岁月中已经难辨真假。"

不同的人自然有不同的心境、不同的经历、不同的角度以及对事物不同的感知力。所谓的感同身受，有时，不过是一场痴人说梦。

所以啊，当你开始理解不被理解，所有的委屈也就烟消云散了。

这个世间，总有一些温暖，包裹着冷若冰霜的外表，也总有一些误解，需要我们用心去解开。要相信，总有一些喜悦会和我们不期而遇，总有一些幸福会纷至沓来。

庆幸的是，总有些温暖包裹着冷若冰霜的外表

01 >>>>

　　网易云音乐推出的一条广告片曾火遍朋友圈。这条名叫《你看到的不一定是真相》的广告片虽然不到6分钟，却是那么发人深省，震撼人心。

　　《你看到的不一定是真相》剧本改编自真人真事，由5个故事串联起来。

　　一个握着法律武器、行使正义的律师，为一个心怀鬼胎的犯罪嫌疑人辩护，进而被众人指责和谩骂。一个当众批评学生的老师，激化了师生之间的矛盾，导致学生气愤地撕烂了书本。一个对下属强加压力的领导，却在上级面前点头哈腰，进而被同事唾弃。一个讨到了食物的乞丐，却还盯着其

他食物，进而被店家拿棍追逐。一个入职不久的医生，手术失败后，被情绪失控的家属恶意打伤。

很多事情，并不是我们想象的那样简单，真相总会被表象所蒙蔽，只留下无可奈何的遗憾和悲哀。

一个人要经过多少成长，才会不露声色地对待不幸和遭遇。有时，我们需要的不是不顾一切的热血，而是对这个世界的用心观察。

我有一个朋友，相识多年，从未见过她对别人评头论足。于她而言，吐槽并非一种娱乐，而是一种残忍。当我们习惯用标签来给人分类，或者简单粗暴地用"好"和"坏"来评判某人时，她总是付诸一笑，一言不发。

我很好奇她为什么会这样不露声色，她的回答让我惊醒："当我们总戴着有色眼镜去看这个世界的时候，不是这个世界变糟了，而是我们变得狭隘了。"

正如这条短片里呈现的那样，律师虽然是犯罪嫌疑人的辩护者，可她还是坚守了职业的操守，并没有逾越法律的界限。视频中看似老师虽然当众批评学生，但也是用心良苦，毕竟爱之深才会责之切。看似点头哈腰的领导，不过是为了让下属更快地成长，为下属在上级面前多说一些好话。看似得寸进尺的乞丐，也只是为了多讨些食物，去喂和他相依为命的流浪狗。而那个手术失败的医生，又何尝不痛心呢？被打得鼻青脸肿，还不停地难过和自责："我们没能救活他……"

剧情终被反转，真相终被揭开。

原来，这个世界并不是非黑即白，也不是非好即坏。就像《门第》里那个看起来游手好闲，还喜欢跟老婆油腔滑调的何秋生，在大是大非面前，也会一腔正义，大男子气场爆棚。

02 >>>>>

以神转折、脑洞大而著称的泰国广告片中，也有不少走心温暖的作品，《暴力老板娘》就是其中之一。

看起来蛮横无理、飞扬跋扈的菜市女老板，一到菜市就四处叫嚷着注意卫生，对拖欠租金的摊主也丝毫不留情面。

老板娘的趾高气扬，自然引起了所有人的不满。

有人作恶，就有人伸张正义。有人用手机把老板娘砸秤、无故"没收"摊主蔬菜以及叫人抬走摊主的视频传到网上，没到3天就有一百多万的关注量，甚至还有乐队为其砸秤的动作配上了音乐。

真相只掌握在少数人的手中，这句话一点都不假。只有摊主们和老板娘知道，她的所作所为并不是网上疯传的那般恶毒。

她之所以砸秤，是为了不让秤的主人继续欺骗客人。她之所以没收摊主蔬菜，是因为看到对方困难，自己买下了所有蔬菜。她之所以叫人抬走摊主，也并非施暴，而是看到摊主身体不适，为他找了个凉快一点的地方，为他按摩摇扇。

都说眼见为实，可这个视频却出其不意地告诉我们，有时候，所见所闻并非可靠。一旦我们陷入了情绪的旋涡，真相就会离我们越来越远。

唯有冷静思考，才是通往真相的不二法门。

03 >>>>

曾有一个女生向我哭诉，说自己的男朋友最近对她疏远了很多，女生天生敏感，她一度认为感情就此走到了尽头。

我问女生究竟发生了哪些变化。她说："在两个月之前，他还是对我很好的。一下班就会陪我去逛街，加班了会挤出时间给我打电话，平日里会时不时地给我小惊喜，即使忙到再晚，也会赶在12点之前对我说晚安。

"可如今，我们很久才会联系一次，互道晚安的约定也没有了。最可恨的是，我有一次无意中发现，他竟然背着我，和我最好的闺密通过话，还见过面……"

要不是一个星期后男生现身，恐怕所有人都觉得这个男友是渣男。

原来，男友一直努力工作，是为了给女友一个幸福的未来；和闺密联系是为了布置一个求婚现场，给女友一个大大的惊喜。而他的疲惫、他的苦楚，从未跟任何人说过，只有他自己一个人默默承担。

是啊，水落石出之前，我们都是迷雾中人。

04 >>>>

小时候，我曾一个人走夜路。昏暗的路灯，坑洼的道路，让我浑身战栗，紧张得都能听到自己的心跳声。

毫无防备地，一道光线从远处打来，落在了我的脚前，我吓得魂都要飞了。我缓缓地回头，想看清对方的脸，却因为站得远无法实现。

当他离我越来越近，我忍不住大叫了起来。

后来才发现，这个提着手电筒为我照路的人，是一个可爱而善良的小女孩。

有的人，靠近了，才明白他的善意；有的人，了解了，才知道他的温暖。

我很喜欢朗·霍尔写在《世界上的另一个你》里的一句话："每个人都要有勇气站出来面对敌人。因为外表看起来像敌人的人，内心却不一定是。我们和其他人的共通点比我们想象的还多。当我还是危险人物的时候，你有勇气站出来面对我，然后改变我的生命，你爱我的内在。上帝原本要我做的样子，那个本我，在生命里一些丑陋的路上迷失了。"

这个世间，总有一些温暖，包裹着冷若冰霜的外表，也总有一些误解，需要我们用心去解开。要相信，总有一些喜悦会和我们不期而遇，总有一些幸福会纷至沓来。

有些人，总习惯朝着别人羡慕的方向去努力，也许有一天达到目标，却忘了初心。这世间最令人后悔莫及的，莫过于成了别人羡慕的人，却未能成为自己。

愿你的拼命不为超越别人，而为成就自己

01 >>>>

记得有一年和表姐表弟在一起吃饭，聊到了薪资这个话题。

从小到大，表姐都是我们的榜样，成绩优异，兴趣和特长颇多，简直就是"别人家的孩子"般的存在。

虽然我也比较勤奋，可在人际交往上，比表姐差了好大一截。因为她天生聪明，再加上勤奋努力，所以表姐学业上一路绿灯，顺利考上了国内重点大学。

小时候，表姐就是我的偶像。看看偶像，再看看自己，也难免自惭形秽。

那一年，我刚上大四，表姐从原来的小公司被挖到一家

实力更强的外企。于是，没过几个月，她的月薪就突破了五位数，朋友圈里都是去全球各地旅游的照片。

那时我还没毕业，就觉得处处都是弱肉强食。因为要学历没学历，要经验没经验，我常常节衣缩食，过着食不果腹的日子。

坐在我旁边的表弟艳羡不已："表姐，你的工资算是顶尖的吧？还有比你工资高的职位吗？"

表姐把杯中的酒一饮而尽，笑了笑说："我从来都不跟别人比赚了多少钱，或者跟别人比有多久的带薪假。不管在哪个城市，我都只有一个愿望，那就是成就自己的一番事业，不再让自己和家人苟且地活着。"

不是所有的鱼，都生活在同一片海里。

表姐的话，让我开始懂得，与其处处和别人比较，不如成全自己，为自己痛快地活一次。

02 >>>>

从小到大，我们总被家人拿来和别人家的孩子比较。以至于到了最后，我们也开始给自己框定，无法成为别人家的孩子，就是一种失败。

人人都有自己的成长环境和经历，有着不同的理想和愿望，活成别人或者超越别人有时只会徒增烦恼。

好好努力就够了，难道不是吗?

上大学那会儿，我为了一个考试，半年前就开始把自己泡在图书馆，试题买了一套又一套，早上6点起来，复习到凌晨1点。

这样高强度的学习，不免让我的舍友望而生畏。

其中有一个整天浑噩度日的舍友问我："以你的水平，通过考试肯定没问题了，为什么还要这么拼命？难不成，是为了抢第一？"

我朝着舍友的方向，郑重地说："说实话，我从来不在乎什么名次，我只在乎我学到了什么，还有哪些没学会，有没有拿到证书是一回事，有没有学到东西是另一回事。"

我努力，不是为了超越别人，而是给自己一个交代，这就是全部的意义。

03 >>>>

在所有旅行作家中，我最钦佩的就是武楷斯。

酷爱旅游的他，曾用3年修完了4年的学业，自主学习5国语言，到了大四就开始做自己喜欢的事情：淘货、摄影、开店、做设计、拍电影……

除此之外，武楷斯还曾用1万元穷游美国60天，创建了自媒体，开办了摄影个展，创立了贰狗文化传播公司并出任

CEO，被邀请参加15场大型分享会。

对于他而言，所做的一切，并不是为了超越别人，而是为了成就自己。他一直在努力探寻不同生活方式的可能性，并将自己对旅行和艺术的想法付诸实践。

当媒体问他："你会在意别人给你贴标签吗？"武楷斯的回答是："不会啊，你就贴呗，反正是贴不完的。"

成就自己，远比超越别人更有意义。

青年作家卢思浩说："一件事坚持了那么久而你依旧觉得舒服，那这件事对你来说就是对的。"而一件事之所以不对，一定是因为和初心背道而驰，即使走得再远，也不会觉得开心。成就自己，要比超越别人开心多了。

有些人，总习惯朝着别人羡慕的方向去努力，也许有一天达到目标，却忘了初心。

这世间最令人后悔莫及的，莫过于成了别人羡慕的人，却未能成为自己。

那些流过的泪，总有一天会笑着说出来。苦难之于我们的意义，就在于证明我们跌落过，又不曾放弃过，最后把故事留给后人说。

那些流过的泪，总有一天会笑着说出来

01 >>>>

好久没有更新朋友圈，发了张城市的夜景，却意外地收到了王大哥的评论。

霓虹的夜景下，一句带有温度的话映入眼帘："新阳，最近我有一个包裹寄给你。"

一看是王大哥，许多往事就如决堤的洪水般涌了出来。

想起来，和王大哥相识的时间不算长。

那是一次问卷调查的兼职，所有人都被安排在商场的各个出口，用一些小礼品来吸引顾客填问卷，薪酬还算可观。

工作开始之前有一个内部培训，王大哥就坐在负责人的跟前，眼睛一动不动地盯着话术单，时不时抬头看看周围有什么异样。

因为年纪比我们略大，再加上穿得比较正式，王大哥在人群里显得比较成熟。要不是后来有一次闲聊，还真以为他就是这个项目的负责人。

也就是从那个时候开始，我和王大哥渐渐熟悉了起来。

一个正值打拼事业的年纪，为什么会来做兼职？当我试探性地把问题抛给他的时候，他深叹了一口气，许久，才说出那艰难的四个字："一言难尽。"

02 >>>>

夜里10点多的地铁里依旧喧闹嘈杂，没有多少人面带困意。

我握着扶手，想接着聊白天没有聊完的话题。一站接着一站，地铁呼啸而过。眼看就要到了中转站，可我还是没有勇气开口。毕竟谈起一个人的过去，要是欢乐还好，倘若是伤疤，总有一点站在高处冷眼旁观的嫌疑。

可我还是没能忍住，问了他："究竟发生了什么，让你觉得一言难尽？"

王大哥朝我笑了笑，又望了望窗外一闪而过的广告牌，说："我原来在上海是做金融票据行业的，我来苏州是因为没了工作还背了债务，想在这里过个渡。"

原来，王大哥也曾和大部分毕业生一样，在求职和失业中辗转。几年前，他和一个北京人一拍即合，在上海开了一家票据公司，专门和银行对接，手下还带有二十几个员工，事业风生水起。就在他们觉得一帆风顺、发展越来越好的时候，国家出台了一套新的金融政策，民间票据公司受到了前所未有的限制，一大批同行面临着倒闭。所有银行都中止了合作，之前的合作方玩起了失踪。在苦苦坚持了两个月后，王大哥也不得不偃旗息鼓。

　　与此同时，谈了多年的女朋友也离他而去。一次次沉重的打击，让王大哥不堪重负。

　　辛辛苦苦打拼出来的事业，从大学还没毕业就筹划的创业项目，眼看就要成功了，不料风向一变，所有努力都化为乌有。仔细想来，自己已经3年都没回家过年了。

　　散伙饭的那个晚上，所有人都努力避开失业的痛楚，在一次次碰杯中寒暄，又在一次次碰杯中醉意阑珊。

　　峰回路转，王大哥关掉了原来的公司，一家更大的金融公司向他伸出了橄榄枝。因为有过实操和管理的经验，没过多久，王大哥就升到了副总的位置上。老话常说"祸兮福所倚，福兮祸所伏"，最不想看到的情况还是发生了，工作还没半年，老板就因为开发了涉嫌非法集资的产品锒铛入狱，而王大哥投入的几十万块钱也血本无归，又一次失去了工作。

　　王大哥的头发也就是在那个时候开始大把大把脱落的，接二连三的打击，让他品尝到了世间的冷暖与无常。

我听得有些动容，竟不知道该如何回应他。

当初的他，本该一帆顺风，即使会经历一些小波小浪，也不至于落魄至此——住在一个月500块房租的隔板间里，吃着楼下夜市6块钱一碗的炒饭艰难度日。

03 >>>>

那晚，我们吃着最廉价的饭菜，喝着最廉价的啤酒，在异样的眼光里喝到微醉。

走在湖边，我们叙谈了很久。无关过去，聊的大多是对未来的憧憬。残酷的环境并不能限制人对未来的追求，就像《美丽人生》里那个被囚禁却依然把"Life is beautiful"挂在嘴边的主人公，幸福有时会迟到，可它从未缺过席。

突然觉得，那晚湖边的风吹得那么冷，却又那么暖。

接连两天的兼职都不如意，再加上和房东发生口角，惜时如金的王大哥，再也受不了无尽的等待，决定要离开。夜深了，我还在公司加班，我叮嘱他别去车站或者肯德基这样人来人往的地方过夜，要去就去旅馆或者网吧，毕竟夜深之后天气冷得绝情。

王大哥"嗯嗯"地应允着。后来才知道，那晚他还是去了肯德基，一个人孤零零地坐在座位上，直到凌晨才浅浅睡着，睡着的时间加起来不过才两三个小时。

我问王大哥，为什么要这么熬自己？

他的回答却异常坚定："年轻人，吃点苦算什么，其实这才到哪啊，人生的大幕才刚刚拉起。我未来一定会好起来的，我有这个信心，希望咱们兄弟都加油。不经一番寒彻骨，怎得梅花扑鼻香。"

04 >>>>

我和王大哥去过湖边两三次，本想再去一次，却离别得那么匆匆。"说实话，来苏州这些天挺失望的，唯一值得庆幸的，是认识了你这么一个朋友。"王大哥说。

别的不说了，咱一路保重。

至今我还记得，王大哥对我说过的一句话："看一个人的成功，并不是看他在巅峰的时候，而是要看他从巅峰跌入低谷时的反弹力。"他的话让我突然想起，倪萍在《姥姥语录》里写下的那段话："你若不想倒，别人想推都推不倒，你若不想起，别人想扶都扶不起。"每每想起，我都有些泪目。

后来，王大哥去了上海，踌躇满志地想要从头再来，就像一个隐姓埋名的过客，要在一片坎坷中披荆斩棘，在一片狼藉中改装换面，一定要来一场华丽的逆袭，给自己的人生增添几分亮色。

此时此刻，我意外地收到了王大哥寄来的包裹，小小的四方盒，打开之后才发现，不是什么昂贵的礼物，而是一罐并不起眼的零食。我没有立马问他寄零食给我的原因，因为我知道，我们总有一天会再见，关于过去他会跟我一一说起。

最后一次通话，我在电话里给他唱了我最近学会的一首歌——陈百强的《一生何求》："一生何求，曾妥协也试过苦斗，梦内每点缤纷，一消散哪可收；一生何求，谁计较赞美与诅咒，没料到我所失的，竟已是我的所有……"

我深信，那些流过的泪，总有一天会笑着说出来。苦难之于我们的意义，就在于证明我们跌落过，又不曾放弃过，最后把故事留给后人说。

没有什么是过不去的，那些曾经苦苦煎熬，比我们苦不知多少倍的人，最终，不都熬出来了吗？

咱不怕，一切都会好起来的，相信我。

这个世界没有想象中的那么好，但似乎也没有我们想象中的那么糟。成年人的世界里，没有"容易"二字，再苦也要笑一笑，坚强的人永远打不倒。

就算大雨让这座城市颠倒，我也会给你怀抱

01 >>>>

曾有一段峨眉山女孩跳崖的视频，让无数人泪目。

一个只有21岁的女孩，因为不堪抑郁症的困扰，以这种方式和这个世界道别。尽管旁边许多游客不停劝解，希望她可以放弃轻生念头，可女孩还是道了声"谢谢"，随即从悬崖边跳了下去。

现场很多人，都放声大哭。

女孩在遗书中说："很多人把这种病当成脆弱，想不开。我想说不是的，我从来不是个脆弱的人，就像不经常喝酒的人也会得肝癌一样，没有太多的诱因，就这么发生了。"

这个女孩究竟承受了多大的痛苦，我们不得而知。也

许，就是生活中无数个烦恼和愁苦堆积成山，越不过，也移不开，于是，就想到了轻生。

看完这个报道，我的内心久久不能平静。

一个青春洋溢的女孩，到底要有多绝望，才会心如死灰地离开人间？是否我们都忽视了他们的感受，缺少了对他们的关爱，才会让他们这般生无所恋？生活有苦有甜，而对于他们来说，生活全是苦吧？哪怕尝到一丝甜都不会选择轻生。

或许，我们只要多付出一点关爱，悲剧就不会发生。

这样的悲剧，无独有偶。

2017年2月，一个20岁的女留学生自杀身亡。匪夷所思的是，这个女孩自杀前活泼开朗，还常常在脸书上更新一些动态，比如买了高跟鞋时的小兴奋，对紧张课业的吐槽，还有和朋友聚餐的欢喜。

"世界是美好的，而我是个不堪重负的胆小鬼，所以选择了退缩和躲避。我的离去完全是我自己的选择，不因为任何人任何事。"在一篇疑似女孩的遗书中，女孩这样说。

或许有人会说："活着不好吗？有什么想不开的。"

"连死都不怕，还怕活下去吗？"

可是，对于他们来说，活下来，远比结束生命需要更大的勇气。

02 >>>>

　　即使这个世界有时会很冷漠，可我还是要告诉你，在这个世界的某个角落，总有人在偷偷爱着你。

　　999感冒灵曾拍过一条名叫《有人偷偷爱着你》的广告片，引起了无数人的围观。这条短片讲述了几个真实发生的小故事，来致敬那些平凡生活中的小温暖。

　　一个姑娘去报刊亭买杂志，却受到了老板大叔的大声抱怨。一个忙着通话却没有系安全带的男子被交警叫停，尽管手机还在拼命地响着。一个外卖小哥挤进了电梯才发现电梯超重，众人的目光似乎都在逐赶。寒冷的冬夜，一个失落的女子酗酒街头，被路人拍了下来。一个骑脚踏车的老人不小心刮花了一辆轿车，被车主大声呵斥。

　　或许，这个世界有太多的冷漠让我们无处可逃。或许，行色匆匆的人群中，没有人会在意我们的感受。又或许，我们的苦楚和辛酸，不过是别人眼中的笑话。但这个世界还是会有人伸出援手，给予我们关心，或许，就是在某个不经意的瞬间。正如这条广告片的剧情出现了如下反转。

　　看似不耐烦的大叔，是为了提高音量阻止小偷的动作。拦车的交警，是为了帮忙盖上有安全隐患的油箱盖。关上的电梯门再次打开，有人主动让出位置自己去爬楼梯。寒冬拍照的男子，是为了向民警告知情况以免女子发生什么意外。

还有那个看起来怒不可遏的车主，也不过拿了根铁棍朝老人的车上轻轻地敲了一下说："这样，咱们就算扯平了。"

这个世界没有想象中的那么好，但似乎也没有我们想象中的那么糟。

在我看来，成年人的世界里，没有"容易"二字，再苦也要笑一笑，坚强的人永远打不倒。

03 >>>>

日本作家村上春树说："你要记得那些大雨中为你撑伞的人，帮你挡住外来之物的人，黑暗中默默抱紧你的人，逗你笑的人，陪你彻夜聊天的人，坐车来看望你的人，陪你哭过的人，在医院陪你的人，总是以你为重的人，是这些人组成你生命中一点一滴的温暖，是这些温暖使你成为善良的人。"

哪怕是伤心之余的一个拥抱，也足以让人感动许久。

就在2018年年初，有一个想要轻生的女孩，发布了一条告别微博："很有可能是最后一条微博，朋友圈发不出了，不知道告别的时候该说什么，器官捐献我签过了，支付宝签。和大家道个别吧，我努力过了，但是也真的，撑不下去了，对不起。"

这个善良的女孩，一定是遇到了什么跨不过的坎，才写下这样悲戚的文字。

令人感动的是，这条微博被一众网友发现后，不少网友纷纷劝慰和鼓励这个女孩。

"怎么可以自己一个人偷偷跑掉，我们爱你啊。"

"我们来世上一遭，我们要好好看看太阳，我们要好好走在路上，不要想太多，来沈阳找我，我带你一起去滑雪。"

"要不要吃火锅呀？有机会我们一起吃热乎的火锅，吃完我给你抓娃娃吧。"

甚至有人发现女孩喜欢一个博主唱歌，就找来博主为女孩加油打气："才看到有人艾特我，说你很喜欢我，让我劝劝你，希望你不要轻易伤害自己，傻不傻，我希望所有喜欢我的小可爱们都能每天开开心心，你快来，我给你唱歌，唱你最喜欢的歌。"

欣喜的是，在大家共同的努力下，女孩最终被警察找到，一切平安。

谢谢你，陌生人！虽然我们素未谋面，但被你爱着的感觉真的好好啊。

04 >>>>

前不久，去大连出差的第三天，我的钱包就丢了。我找遍了所有可能丢失的地方和角落，还是无功而返。

得到这个结果后，我觉得一定是被小偷偷走了。

那个钱包非常重要，不仅有现金和银行卡，关键还有我的身份证。因为这是我第一次去那么远的地方出差，去时坐的飞机，这下可好，要是没了身份证，又无法在异地补办，能否坐汽车回去都是个问题。

"我那钱包里全是非常重要的东西，当时我整个人都懵了。好在手机没丢，我只告诉了一个同事，结果全公司的人都为我筹了钱。"跟好友提起的时候，我眼里闪着泪花，"起初，我还以为丢了肯定回不来了，谁知道到了晚上我就接到了当地公安局打来的电话，说是我的钱包被好心人捡到，送到了公安局。公安局又辗转联系上了我，至今我都不知道那个好心人是谁，只觉得这个世界真的没有人们说的那样险恶。"

《小情歌》里有一句歌词我特别喜欢："就算大雨让这座城市颠倒，我会给你怀抱。"

柔软诗意的歌词，总能触动每个人的内心。这么多人爱着你，你一定要坚强起来，好好活下去。

中学时，想必你也喜欢课文《纪念刘和珍君》中的那句："真的猛士，敢于直面惨淡的人生，敢于正视淋漓的鲜血。"如今读来，依然热血沸腾。

就算命运再艰难，也愿你不要屈服，现实再悲惨，也不要向这个世界投降。

总有对的那个人在未来等着你，时间一到，他就会踏着七彩祥云来娶你。所以，不必躲在黑暗的角落里哭泣，也不必紧紧攥着满是针刺的玫瑰不愿放手。余生还很长，又何必慌张？

余生还长，我们终会遇到对的人

01 >>>>

公众号后台有个姑娘给我留言，她说："最近我真的很崩溃，他已经消失半个月了，电话打不通，信息也不回，我现在只想当面问问他，他到底有没有爱过我。"

我一看，就大致猜到了故事的开头——男子追求之初百般殷勤，变着花样地哄女孩开心。突然有一天，男子就变了心。她一定很受伤吧，不然为什么她每一个字都在泣血呢？

"刚认识的时候，肯定不是这样的吧？"

"是啊，我从没有想过会变成现在这样。刚认识的时候，他对我那么好，接我上下班，对我说早安和晚安。为了表现他的用心，还隔几天就会给我小惊喜，送我一些小礼物。我喜欢吃羊肉粉，他会开一个小时的车带我去吃。即使加班到很晚，他都会给我打一个多小时的电话。即使平时忙，只要我说需要陪，他都会第一时间赶到我身边。"

"这样的状态持续了多久？"

"有三个月的时间吧，那个时候，我真觉得他是爱我的，我也渐渐觉得自己已经离不开他。有一次他为我庆生，当着众多好朋友的面说永远爱我，要和我白头到老，听到这，我的整颗心都化了。于是，当晚我把第一次给了他。"

我深知女生已经被爱情冲昏了头脑。

"从那以后，就失去联系了吗？"

"也不算，只是自那以后他对我就没有之前那样用心了。我好像跟他角色互换了，我变得越来越在乎他，准备惊喜的变成了我，送小礼物的也变成了我。我的心理落差真的好大，我真不知道自己做错了什么，要受这样的折磨啊。

"直到有一天，我在逛街的时候发现他和另一个女孩走得很近，那个女孩还挽着他的手。我打电话质问他，可笑的是，他居然一句解释都没有，还说我根本不是他的女朋友。我真的崩溃了，骂他是个渣男，可是一切都于事无补了。"

爱情的定义是什么呢？是接你上下班吗？是每天的早安和晚安吗？是他为你准备的礼物吗？

我想都不是。在这个女孩心里，爱情不过是有一个人愿意为她付出，珍惜和她在一起的日子而已。

可如此简单的要求，都得不到满足。于是，你会看到，那些丢了魂似的游走街头的女子，并不一定是无家可归，或许是真的不想回去。深夜里买醉的女子，或许是真的痛苦万分。

被爱情冲昏了头脑，遍体鳞伤的女孩还少吗？

对方只是把你当备胎，可是你却走了心。这样的结果，是冲动后的恍悟，是欢愉后的折磨，最后演变成一辈子的伤痛。

02 >>>>

真正的爱，不是一时的好感，而是一辈子的呵护与疼爱。用现在网上流行的一句话说就是："往后余生，风雪是你，平淡是你，清贫也是你。荣华是你，心底温柔是你，目光所至，也是你。"

当你走在大街上，和一对争吵中的恋人相遇，看到人们为了爱情卑微乞求的样子，你是否也会感叹"相爱没有那么容易"？

为爱痴狂，看似浪漫，如若痴狂到失去理智，就会演变成一种可悲。

诸如此类的报道并不少见。女孩被渣男"抛弃"后，向某个节目组求助，经过节目组的调查，男方并非"首次作案"。正当男方和另外一个女孩打得热火朝天的时候，节目组当面戳穿了男方的真面目——豪车是租的，豪宅是编出来的，嘴里没一句是真话。

还有一个女孩，境遇更惨。怀孕了，男方逃避，节目组不得不以快递员的身份找到了男方的住处。原以为男方面对镜头会愧疚，而接下来男子的言行实在让人愤懑，他指着女孩吼叫道："我已经拿钱给你去人流了，为什么还要阴魂不散地跟着我？"

节目组问他为什么不愿做担保，他的回答再一次让人大跌眼镜："这可不是小事情啊，万一出现意外了怎么办？那可是要出人命的。再说了，我和她只是玩玩而已。"

女孩的父亲闻讯赶到，狠狠地扇了男方一巴掌，简直大快人心。

说好的"愿无岁月可回头，且以深情共白首"呢？在爱情里，谁不渴望遇到对的那个人，相伴相守。可现实是，太多的荒唐玷污了爱情的神圣，太多的背叛摧毁了幻想和憧憬。

03 >>>>

邓紫棋在《泡沫》里唱道："美丽的泡沫，虽然一刹花火，你所有承诺，虽然都太脆弱。爱本是泡沫，如果能够看破，有什么难过。"

当承诺变为欺骗的泡沫，所有的甜言蜜语都变成了稍纵即逝的花火。如果世界上真有时光机该有多好，去到50年后、60年后，那个陪着你睡在摇椅上，摇着扇子，回忆往昔的人一目了然，只是爱上容易，沉溺容易，难的是看破。

所以啊，别等了，一切回不去了，也该试着开心起来了。泪干了，夜也熬凉了，也该试着去放手了。

"有人住高楼，有人处深沟，有人光万丈，有人一身锈，世人万千种，浮云莫去求，斯人若彩虹，遇上方知有。"《怦然心动》里的台词或许能给你我几分安慰。

我常说一句话，我们总会遇到一些人，错过一些人，才能找到真正爱你的那个人。

爱你的人，风里雨里都会等你。不爱你的人，从一开始，就已经注定不会在一起。

在遇到对的那个人之前，我们唯一要做的，就是变成更好的自己。

总有对的那个人在未来等着你，时间一到，他就会踏着七彩祥云来娶你。所以，不必躲在黑暗的角落里哭泣，也不必紧紧攥着满是针刺的玫瑰不愿放手。

余生还很长，又何必慌张？

谁不曾有过被嘲笑的时光？坚持走下去，把苦难踏平，只要心中的光不变，哪怕再苦也一定会嘴角上扬。

只要心中有光，再苦也会嘴角上扬

01 >>>>

新世相曾推出一条深夜短片《晚安姑娘》，讲述的是一个怀揣着演员梦的北漂小北，最终战胜孤独，实现演员梦的故事。

小北借住在朋友家里，白天去各个剧组面试，深夜去练功房练形体。

在过去的一年里，小北尽管一直在努力，却始终没有收到剧组的邀约，于是她接二连三地被朋友挖苦，被家人催回。

其中有一个情景让人泪目。小北去一家剧组面试，因为过于紧张忘了词，最后简历被扔进了垃圾桶。之后又在一次试镜中，导演用她的简历当作摆放盒饭的桌垫，看到这，小北要回了简历，匆匆奔向了下一站。

孤独的夜晚，唯一让小北感动的，是11点59分都会收到的一条晚安短信。相比于"表白"，它更像是小北抵挡孤独的一种勇气。直到最后，"晚安短信"的谜底才得以揭开——原来，那365条短信，是小北买给自己的短信，而短信的发送者是一家专门贩卖晚安短信的网店。

有了晚安的呢喃，再冷的夜都有了温暖。

大城市虽苦，可我们仍然渴望留下来。大城市虽难，可我们从未步履不前。

后来，小北如愿以偿地成了一名演员，回望过去，那些焦虑和不安，竟是自己最珍贵的回忆。

理想固然遥不可及，可只要心中有光，再苦也一定会嘴角上扬。

02 >>>>

在没有成名之前，罗志祥也有过一段被嘲笑的时光。

1995年，16岁的罗志祥因模仿郭富城而正式出道。虽然可以登台表演并且出版新专辑，可他的成名之路并没有一帆风顺。

就在和其他三人组成"四大天王"组合的第三年，有两名成员就因不适应演艺圈的环境和服兵役选择了退出。于是，罗志祥与剩下的另一名团员欧弟另组了新的组合"罗密欧"。

在罗志祥陷入事业低谷的时候，有一个邻居对罗妈妈冷热嘲讽道："就你儿子那个样子，肯定不会红！"

邻居的直言不讳，让护子心切的罗妈妈当众挥拳，最后还被邻居打伤。罗志祥暗暗发誓，一定要混出个名堂来，别人说我不行，我一定要证明给他们看。

一直以来，罗志祥拼得都很凶。

毋庸置疑的是，罗志祥的舞蹈天赋是与生俱来的。从早期模仿郭富城，到2013年担任"舞极限Over The Limit"世界巡回演唱会视觉、音乐和舞蹈总监，再到《这！就是街舞》的明星队长，所有的成绩，都足以让所有诋毁他的人哑口无言，让所有看低他的人在他面前低头。

如今，罗志祥已是著名男歌手、主持人、舞者及演员。而那些被嘲笑的梦想，给了他更多坚持下去的力量。

03 >>>>

毕业的那个5月，当所有人都在挥手离校的时候，我在一个朋友的推荐下与简书结缘，开始写作。

为了提高文章的质量，我网购了很多书，在校外租了一个小黑屋勤加练习。

整整一个月，我只做了两件事：读书和写作。我不敢告诉任何人我想出书的梦想，当房东大爷和邻居问起的时候，我只好用"我在备考"来遮掩。

这一句"我在备考"让我对写作有了使命感，我暗自发誓，一定要写出更多鼓舞人心的文字。

那年的夏天很热，屋里没有空调和风扇，简陋的房间里只有一张破烂不堪的桌子和一张用废木板搭起来的旧床。白天，屋子里像个火炉，我的汗珠一颗颗地滑落，衣服就像从水里掏出来一般。到了晚上，我干脆睡在地上，灵感来了，就会打开电脑，时常写作到清晨。

其间，我有一个笔友在简书里有了名气，还收到了出版社的撰稿邀请。我向他打听一些出版的途径，却意外地受到了他的嘲讽："别做梦了，出书不是你想出就可以出的，更何况你写的这些东西真是不敢恭维。"

"不敢恭维"这四个字，深深刺伤了我。

的确，我没有像有些作者那样有着很深的文笔功底，我所写的文字，都是我后来不断啃书、刻意练习的结果。我更没有像有些作者那样幸运，没写多久就收到了出版社的橄榄枝，我只有更加努力，才有被发现的可能性。

最困顿、最迷茫的时候，我曾打电话向出版社毛遂自荐，满心欢喜地把稿子发了过去，收到的全是否定的答复。

我还曾想过自费，却因为手头拮据，以及自费出版后的恐惧和不安，一次次作罢。

可我并没有因此心灰意冷。就在我写作的第二年，我也收到了一家出版社的撰稿邀请。而那家出版社，正是曾经拒绝我的那一家。

看到书的封面被设计出来的那一刻，我泪如泉涌。

文字曾给我伤痛，也曾给我甜梦。而如今，它更像是一束光，照亮了我前方的路，也温暖了很多如我一样不肯放弃的追梦人。

东野圭吾说："放弃不难，但坚持一定很酷。"

谁不曾有过被嘲笑的时光？坚持走下去，把苦难踏平，只要心中的光不变，哪怕再苦也一定会嘴角上扬。

吃过的苦，流过的泪，只有自己才知道，也不必跟别人说。我们总要为自己找一个坚持下去的理由。也许生活就是这样，要么大胆冒险，要么一无所获。

不要为我担心，我一个人在大城市过得很好

01 >>>>

有一次午休，我和雯姐聊起了过去。

她说，这是她出来工作的第四年了，这也是她第三年独自一个人在北京。

那一年，她离开了原来实习的公司，只身一人来北京，深夜两三点没有车，她自己一个人有些害怕。

车站外面鱼龙混杂：有流浪汉在睡觉，有黑车司机在揽客，有的人行色匆匆在赶车，有的人抽着烟并像孤魂一般地游荡着……

说到这，雯姐嘿嘿一笑说，当时也是傻，住的地方没有提前找好，因为天气太冷就随便跟着一个大妈去了一家旅

店。去了才知道，那是一间地下室。

20块钱的小隔间，除了一张床，连个放行李的空地都没有。四处还散发着霉臭味。无奈，房钱和押金都交了，只能住在这个地方了。

雯姐一夜未眠。

清早起来去坐车，被公交站台搞得晕头转向。去一家公司面试，身份证给了对方。后来觉得太没有安全感，看着一个个陌生冷漠的面孔，自己蹲在路边哗啦啦地哭了，路上还有人看着，却怎么都忍不住。

我问她有没有想过回老家发展，她说，从小学到大学，她都守在家人身边，没有出过远门，可她还是想去外面看一看，即使她也知道陪伴家人和实现理想难以兼得。她羡慕那些知道自己想要什么的人，愿意为未来做出牺牲，即使这一切并不容易。

我和她交换感受："孤身一人在外闯荡是什么感受呢？"

雯姐感慨地说："孤身一人啊，大概就是夜里醒来可能不知道自己在哪里，一个人望着天花板，一望就是好几个小时；即使生病了也要告诉自己不能倒下，因为没有人会为你买药煲汤；走到哪里，都不会遇到熟人，大家都是点头之交，没有人会真正地为你遮风挡雨，一切都要靠自己。"

说到这，雯姐望了望窗外的车水马龙，长舒了一口气说："当然也有好处啦，一切都是崭新的不是吗？我终于有一次可以从头来过的机会了。

02 >>>>

我曾和我的爱人异地恋6年，期间她考上了老家一所小学的教师编制，而我仍漂泊在外，好久才能见一次面。

有一年国庆放假，我回老家去她家看她，阿姨语重心长地对我说："为什么不在老家找一个工作呢？要不然考个教师或者公务员也好啊。你不是师范大学毕业的吗？到时候在老家办个培训班，不也能赚不少吗？"

我语噎，不知道该怎么回答她。

我从来都不认为小县城就代表着安逸，大城市就代表着梦想。只是小县城并没有我想要的工作，我不想因为稳定而向自己妥协，不想为工作忙得焦头烂额却过着紧巴巴的生活。

相比之下，大城市或许会拥有更多选择的机会。虽然生活环境穷凶险恶，可仔细想来，我还是渴望在城市的霓虹闪烁中，找到属于自己的一个号码牌。

前不久，高中辍学的发小在外7年后回老家干起了装修，大学时认识的老乡也在前不久回老家考上了公务员，而我还在大城市漂泊着，是忍受，还是享受？

或许，都有吧。

每次回家，我都会去剪个头发，吹个造型，让家人看到状态最佳的自己，并告诉他们，我在外面一切都好。

吃过的苦，流过的泪，只有自己才知道，也不必跟别人说。

我们总要为自己找一个坚持下去的理由。也许生活就是这样，要么大胆冒险，要么一无所获。

03 >>>>

来大城市工作，对于很多人来说，就意味着离开家人，有所取舍。

也许，长大就是一个不断离别的过程。我们要和亲人离别，和朋友离别，和一座城市离别，和来时的路离别。收拾行李的那天晚上，妈妈嘱咐了很多话，爸爸在一边抽烟不说话。

还没到站，家人的电话就先打了过来，又嘱咐我多吃饭，别熬夜，照顾好自己。我"嗯嗯"地回应着，望着窗外呼啸而过的村庄湿了眼眶。

没过几天，我又收到了家里的电话，是妈妈打来的。电话那端很是焦急，说是爸爸干活还没回来，最近活太多，顾不上吃饭，胃病又犯了。

我看了看表，快11点了。那一瞬间，我有些恍惚，差点说，我现在就去找我爸，顺便给他买点胃药。可抬头一看，四周的建筑是那么陌生，想到自己在外地，不在父母身边，眼泪再一次扑簌下来。

我努力融入这个陌生的城市，把大部分的钱都攒下来寄回家，为的是给家里买个新家电，为父母买个手机。工作之余，我开始充实自己，晚上去健身，周末去打球，一周读两本书，还和朋友一起开了网课。

在这个城市，我感受了一种亲情以外的感动。邻居大姐看到我整箱整箱地买泡面，常请我去她家吃饭。楼下的老大爷常找我聊天谈心，鼓励我加油努力。快餐店的阿姨看我总点最便宜的饭菜，总会在我的米饭上浇上一勺肉汤……

这些感动让我突然觉得，这个城市也很可爱。

这个城市有着太多和我一样，怀着理想，虽然艰难却仍然坚持留下来的普通人。不甘心，那就走下去，想留下，那就别回头，再苦也要学着爱自己。

有一个朋友对我说，独自在外就要让自己忙起来，一闲下来就会体会到深入骨髓的孤独感。

我笑着说，用孤独换一点点明天，也就足够了。

不求荣归故里，不求人前显贵，只希望家人平安，可以一边流浪，一边歌唱，一点一点地看到理想的光亮。

我会照顾好自己，也会一个人慢慢长大。不要为我担心了，我一个人在大城市过得很好。

后 记

致读者：我可以抱你吗，亲爱的陌生人？

我有一个做视频自媒体的朋友，跟我说起这么一段经历。

曾有一段时间，新闻里总是曝出各种明星去世或车祸伤亡的消息，不免让人有些忧郁。于是，朋友发起了一个"拥抱陌生人"的活动。一个人站在地铁口，举着写有"我可以拥抱你吗，陌生人"的牌子，张望着来来往往的路人。

整整2个小时，朋友都没有等到一个人来拥抱他。大多数人都是步履匆匆，戴着口罩面无表情，甚至没有抬头，更别说看到远处举牌的朋友了。

朋友丝毫没有离开的意思，依然站在原地。地铁口无时无刻不在从里往外吹着风，他冻得牙齿打着颤，身子发着抖。有好几次，负责录像的摄影师提议回去，都被他驳回了。

眼看夜幕降临，还滴滴答答下起了小雨，有一个姑娘在他不经意间送上了一个大大的拥抱。姑娘穿着尼龙褂，围着厚厚的围巾，努力把头靠近朋友的心窝，朋友低下头的一瞬间，看到了姑娘疲惫的脸庞。

"她一定是在写字楼上班吧。白天要拼命工作，晚上在家加班，也许迫于压力，还要再讨一份兼职，从她黑黑的眼圈和疲惫的神情就可以看出来。"朋友心想。

两个人萍水相逢，并没有说过一句话，姑娘很快就消失在人海里。对于朋友来说，感受到了来自陌生人的温暖，也传递了一份感动，就已足够。

紧接着，不少路人也送上了一个又一个的拥抱。朋友没有挪动一步，都是路人走上前来。这其中有男孩，有女孩，有一身正装的，也有满身泥泞的。

朋友回忆道，最让他动容的，是一个穿着破旧工服的中年男人。妻子在附近的一家医院住院，男人手里还拎着保温杯，那是他亲手为妻子熬的鸡汤。男人自己舍不得吃一口路边摊，两个馒头就着一碗凉水就是一顿饭。抱他的时候，男人还拍了朋友好几下，临走时，眼眶里含着泪。

男人没有在他面前哭出来，转身之后，掩面那一刻，朋友百般思绪涌上心头，久久都不能平静。

朋友的一句话让我不禁泪目，他说，人生而不易，太多时候，我们只有一个人扛起所有的重担。在外人面前，我们总爱表现出坚强的一面，却很少有人愿意卸下一身铠甲，去拥抱那些身边的人。因为从心底涌出的爱，让我们日渐坚硬的外壳下依旧有着一颗柔软的心，让我们能够在这座薄情的城市里深情地活着。

如果说，被爱是一种幸福，那么爱别人就是一种幸运。在别人艰难困苦的时候给予鼓励，在别人蒙受委屈的时候送上安慰，整个冬季就不会那么寒冷。或许仅仅一个简单的拥抱，一句简单的话语就是最大的积福。

对世界报以微笑，世界就会还以微笑。即使这个世界并没有想象中的那般美好，也不至于冰冷至死。大多数人之所以不愿把柔软的一面展露出来，或许是曾经受过欺骗和伤害，可这并不意味着要拒绝温暖。

上初中时，班里流行写信，我也从一本杂志里找到了一个姐姐的收信地址，兴奋地花了2个小时写信，投进了大大的信筒里。在信中，我告诉她我的学习情况，我对青春的困惑以及在平日里感到种种苦恼的小情绪。

动笔前没有草稿，动笔后也没有逻辑，却写了整整三大页。收到回信的那一刻，我觉得我是这个世界上最幸福的那个人。那种激动得在操场上像个疯子一样奔跑的情景，至今还记忆犹新。

也是在那个时候，我突然发觉文字是有力量的。

我从回信的姐姐那里，得到了我最中意的答复和鼓励，并暗自发誓要把这份感动一直传递下去。

毕业那年，我也开始正式写作，一度放弃了收入可观的工作却乐此不疲。如今写作对我而言，就如同呼吸一般，融入了我的血液里。

最让我开心的是，读者告诉我看到我的文字后从中收获了感动，也重拾了坚持下去的勇气。

我开始习惯了在深夜里给陌生人回信。这个陌生人，是读者，也是作者，是擦肩而过的路人甲，也是从未谋面的路人乙。

凡是来信，我都会一一回复，只因每一个来信的陌生人，于我而言都是特别的人。

《是你路过我的倾城时光》里有这么一个片段，女主喝醉酒后和从未谋面的男二互相吐露心声，第二天依旧各过各的生活。表面上看起来没有任何改变，而实际上呢，彼此的心结正在慢慢地解开。

这，或许就是我最想要的结局。

我不会一脸严肃地说什么大道理，更不会趾高气扬地站在高处指点评议，我只会静静地聆听，感受你的喜怒哀乐，然后用朋友的口吻轻轻告诉你："其实，我也有过同样的迷茫，有过同样的遭遇。我们要留住感动，挺过黑夜，因为生而为人，谁都有自己的不容易，前方虽远，可你不要轻易放弃。"

在这本书里，我讲述了很多平凡的故事。那些职场里光鲜亮丽背后的辛苦过往，那些因为时间和距离而渐行渐远的亲人伙伴，还有为梦想不甘被冷眼嘲笑的咬牙坚持。

这些故事，或热血，或感动，或意气风发，或颠沛流离，总会有一个故事，让路上行走的我们感到似曾相识。

我渴盼回到无忧无虑的过去，也渴盼一切未知的明天，渴盼看到曙光再一次照亮大地，也渴望陪你度过每一个失眠的深夜。

世界冰冷，就让我的文字陪在你身边。